인간
장소
지명

인간 People

Places 장소

and

지명 Place

Names

주성재 지음

개정판

한울
아카데미

개정판 머리말

인간 장소 지명

『인간 장소 지명』 초판 발간 이후 5년이 채 되지 않은 기간, 지명과 관련된 많은 사건과 변화가 있었다. 가장 중요한 흐름은 지명이 갖는 상징성과 의미에 이전보다 더 큰 가치를 부여하게 된 것 아닌가 생각한다.

터키는 자국어 정체성을 가진 국호 '튀르키예'의 사용을 전 세계에 요청했다. 러시아와 전쟁을 치르는 우크라이나는 주요 지명에서 러시아의 잔재를 제거해 달라고 했다. 그 수도는 이제 '키예프'가 아니라 '키이우'다. 뉴질랜드가 '긴 하얀 구름'이라는 뜻의 마오리어 '아오테아로아'로 국가명 변경을 추진한다는 소식도 들린다. 한 국가 안으로 좁혀 보더라도 지명을 브랜드로 만들어 지역의 가치를 높이려는 시도는 여기저기서 발견된다.

정체성을 차지하려는 지명 쟁탈전 또는 내 지명 심기가 수두룩하지만,

정치성을 발휘한 분쟁 해결의 사례도 있다. 대표적인 것이 이제 '북마케도니아공화국'이 된 나라의 명칭을 둘러싼 그리스와의 분쟁이었다. 한국인들이 깊은 관심을 가진 동해 수역의 표기에 대해서는, 두 이름을 함께 쓰자는 한국의 제안이 그 담론의 발전과 더불어 세계 지명 사용자의 호응을 받고 있다. 그러나 당사국인 일본은 여전히 이 제안을 거부한다.

지난 5년이 나에게는 초판의 내용을 하나하나 확인하면서 연구 영역을 넓혀가는 소중한 시간이었다. 비로소 비판지명학 분야의 연구로 깊숙이 들어올 수 있었고, 그 시각을 러시아 볼고그라드-스탈린그라드 명칭과 한국어에서 사용되는 세계 국가명 사례에 적용했다. 지명의 경제적 가치는 '우한폐렴'으로 촉발된 역 브랜드 가치의 측면으로 확대됐다. 우리 동네 지명 '중랑-중량' 연구는 한문 사료를 찾아보는 새로운 도전이었다. 논문 중 두 편은 석사 지도 학생의 문제의식으로, 또 두 편은 '인장지' 수강생의 자료 발굴로 시작되었다.

이 개정판은 초판의 체제와 서술을 그대로 유지하면서, 진전된 내용을 수정, 업데이트하고, 그동안 발견된 오류를 정정하는 데에 국한한다. 앞서 언급한 사례에 대한 상세한 내용과 새로운 시각, 그리고 코로나 팬데믹 상황에서 제한된 답사를 통해 추가로 수집한 자료와 발전된 생각은 별도의 단행본으로 펴낼 수 있기를 기대한다. 이 책이 현시점에서 인간, 장소, 지명 간의 관계, 그리고 이와 관련 지리, 언어, 정치, 문화 이슈의 이해를 돕는 완성도 높은 교양서적 또는 강의교재로 기능하길 희망한다.

경희대 교양과정 후마니타스칼리지의 〈인간, 장소, 지명〉 강의(인장지)는 이제 수강생 연인원 1000명을 넘어섰다. 강의 토론과 과제를 통해 새로운 많은 사례와 생각하지 못한 시각을 전해준 이들에게 감사한다.

개정판이라는 타이틀이 부끄러운 출판에 동의해 준 한울엠플러스 담당자께 감사한다. 오류 수정은 이 개정판 발간의 중요한 목적이다. 여전한 발견되는 오류와 해석의 다른 의견이 있다면 적극 개진해 주길 기대한다.

2023년 봄

주성재

머리말

인간 장소 지명

우리는 온갖 이름에 둘러싸여 있다. 나 자신부터 시작해서 내가 만나는 사람, 사는 동네, 다니는 직장, 학교, 교회, 헬스클럽, 마트, 영화관, 식당, 함께 하는 반려동물까지, 어느 하나 이름 없는 것이 없다. 이름이 없으면 불편하고 심지어 불안하기까지 하다. 사랑하는 사람끼리 부르는 이름은 둘만의 느낌이 담긴 존재감의 표현이다. 이름을 짓는 것은 인간이 가진 본능이자 특권이다.

땅이름, 장소명, 지명. 이 소재에 대한 관심과 연구는 나를 둘러싼 곳에서부터 시작되어 어디서나 쉽게 찾을 수 있다는 것이 매력이다. 출근하는 길에서, 지하철을 타면서, 친구를 만나는 장소에서, 하루에도 수십, 수백 개의 지명을 만난다. 잠시만 관심을 갖고 스마트폰을 검색해 보면 그 이름의 유래와 의미를 쉽게 알 수 있다.

어디나 있기 때문에 누구나 이야기할 거리를 만난다. 필자가 현재 살고 있는 위례신도시의 예를 들면, 백제의 옛 이름 위례, 송파, 성남, 하남 각각의 위례동, 창곡천, 청량산, 남한산성 등, 지명에 얽힌 이야기는 끝없이 펼쳐진다. 신도시의 산책로 '휴먼링'을 따라 걷는 길을 전혀 지루하지 않게 해준다.

지명에 관한 지식은 삶을 풍부하게 해준다. 가족과 함께 떠나는 자동차 여행에서, 지나치는 도시의 인구나 산업에 관한 지리 지식을 전수하는 것은 가족들의 졸음을 유발하지만, 도시 이름의 유래와 그 이름에 담겨 있는 스토리와 에피소드를 들려주면 여행길이 즐거운 대화의 장으로 바뀌고 여행지에 대한 기대가 달라지는 것을 종종 경험한다.

이 책은 이렇게 우리 주변에 수없이 펼쳐져 있는 지명, 땅이름, 동네 이름의 이해를 돕기 위해 준비했다. 인간, 장소, 지명 — '인간'은 '장소'에 대한 인식을 바탕으로 '지명'을 붙인다는 것이 이 책의 주제다. 여기서 파생되는 다양한 단면, 즉 인식의 방법과 여기에 영향을 미치는 문화적 요소, 인식의 차이에서 오는 갈등과 분쟁, 지명을 통해 얻으려는 경제적 가치, 그리고 지명을 이루는 언어 요소의 특성과 영향이 특화된 소주제를 이룬다.

필자는 이러한 성격의 주제를 연구하는 데에 부여받은 두 가지 혜택에 감사한다. 하나는 지리학이라는 학문 분야다. 지리학은 말 그대로 땅(지, 地)의 이치(리, 理)를 연구하는, 그리고 여기에 영향을 미치는 인간의 활동을 이해하려는 분야다. 40년 가까이 지리학을 공부하면서 받은 혜택은, 모든 현상을 지리 또는 공간의 관점에서 바라보게 된 안목, 자연과 인문현상의 공존과 상호작용을 이해하게 된 폭넓음, 그리고 세계 여러 문화를 그들의 맥락에서 인정하게 된 관대함이다. 이러한 혜택이 지명 연구에 흘

룡한 자양분이 되었음은 더 말할 나위가 없다.

또 하나는 지명에 대한 생각과 경험을 나눌 수 있는 국제기구와 국내 기관에서 활동했던 기회다. 시작은 매우 특수한 우연이었다. 2004년, '동해(East Sea)' 명칭을 주제로 하는 국제세미나에 참석한 것이 계기였다. 이후 '동해'를 국제사회에 알리는 정부의 일에 동참하는 것은 자연스럽게 국제기구에의 참여로 이어졌다. 유엔지명회의(전문가그룹과 표준화총회)는 지명의 제정과 관리에 관한 풍성한 주제와 함께 새로운 세계를 열어주었고, 세계 각국의 지명 전문가와 교류하는 소중한 기회를 제공했다. 국제수로기구는 바다 이름의 실무를 다루는 과정에서 지명 분쟁의 상대방, 그리고 제3국의 생각과 반응을 읽을 수 있도록 했고, 이는 지명연구에 또 다른 지평을 열어주었다.

우리나라의 지명을 관리하는 국토지리정보원과 국립해양조사원이 간사기관의 역할을 수행하는 국가지명위원회에 참여한 것은 또 다른 행운이었다. 지역이 원하는 지명표기의 수요를 알 수 있었고, 갈등이 발생할 때 어떻게 해결할지 배울 수도 있었다. 유엔지명회의가 권고하는 지명표기의 원칙을 우리나라 실정에 적용할 수 있는 가능성과 한계를 알게 되었다.

우연에서 시작했지만, 동해 표기부터 시작해서 국내외 활동을 통해 지난 15년 가까이 쌓아왔던 지명에 대한 관심이 결실을 보게 된 것은 매우 기쁘고 영광스러운 일이다. 바로 이 책, 『인간 장소 지명』이다. 이 책의 집필을 생각한 것은 경희대학교 후마니타스칼리지에 개설한 같은 이름의 교양강좌 첫 학기를 마친 직후인 2013년 가을이었다. 당시에는 한 학기 강의 내용을 그대로 풀어나가기만 하면 되는 줄 알았다. 그러나 사례로 들었던 지명을 하나씩 확인하고 설명의 체제를 다시 세워가는 것은 많은 시간을 소요하는 일이었다. 내가 알고 있던 사실이 그렇게 부실했던 것임을 새삼 깨닫는 과정이었다. 일일이 현장을 가서 보고 사진으로 남길 일도 많았다.

집필에 속도를 낼 수 있었던 것은 2016년 가을학기부터 학교에서 부여받았던 1년의 연구년 혜택 덕분이었다. 자세한 계획을 세우고 떠난 것은 아니었지만, 세계 각국을 다니면서 책의 내용과 관련된 재미있는 사례를 만날 수 있었다. 수집한 자료는 부족한 내용을 보완하고 업데이트하는 기회를 제공해 주었다.

이 책은 이러한 모든 혜택의 결과다. 다시 강조하자면, 지명연구와 관련된 필자의 학술적 발전은 동해 표기 활동에 참여함으로부터 시작했다. 끝없는 열정으로 '동해'를 세계에 알리기 위해 노력해 온 선구자들, 그리고 이 일로 필자를 초대한 분들께 특별한 감사를 전한다. 사단법인 동해연구회는 이들이 닦아놓은 든든한 기반 위에서 우리의 이름 '동해'가 국제사회에서 존중받게 하기 위한 노력을 이어간다.

유엔에 참여하는 각국 지명 전문가들과 갖는 토론은 언제나 풍부한 영감을 불어 넣어준다. 2년마다 열리는 총회, 그 사이에 수차례 열리는 워킹그룹 회의, 텔레컨퍼런스, 이메일 토론에서 만나는 이들은 어떤 집단보다 활발한 교류를 갖는 상대가 되었다. 한국어 버전 지명 교양서 발간의 기쁨을 이들과 함께 나누고 싶다.

지난 5년간, 총명한 눈망울로 〈인간, 장소, 지명〉 강의를 경청해 준 400명에 이르는 수강생들, 그리고 대학원 지명연구실의 구성원들에게 출판 소식을 전한다. 기획부터 탈고까지 긴 기간, 인내심으로 기다려준 한울엠플러스 담당자께 감사한다.

이 책에서 다루는 지명 사례에 대한 설명에서 오류가 발견된다면 이는 전적으로 필자의 책임이다. 혹시 해석에 있어 다른 의견이 있다면 적극 개진해 주길 기대한다.

집필의 모든 여정에 동행해 준 영원한 친구이자 동역자, 그녀와 발간의 기쁨을 나눈다.

2018년 여름
주성재

차 례

01 남산은 남쪽에 있는 산? 강남은 강의 남쪽?

남산, 서울의 남쪽?

남산(南山)은 대한민국 수도 서울의 대표적인 산이다. 한양이 조선의 도읍으로 정해지면서 도성 남쪽에 있는 이 산은 자연스럽게 '남산'이라는 이름을 부여받았다. 그 전에 불리던 이름 '목멱산(木覓山)'은 '마뫼'의 한자어 표기인데, 그 뜻 역시 남산인 것을 보면 북쪽에 살던 사람들이 이 산을 남쪽에 있는 산으로 인식하여 이름을 붙인 것은 오랜 역사를 갖는 것으로 보인다.

그러나 남산은 더 이상 서울의 남쪽에 있는 산이 아니다. 인구와 기능이 모이고 이를 수용하는 공간이 산을 넘고 강을 건너 넓게 확대되면서 이제 서울 지도에서 남산은 서울의 가운데에서 찾아보아야 한다. 높이 270m(국토지리정보원 발표 기준)에 불과한 이 산의 이름은 이제 그 문자적 의미에서 벗어나 애국가에 등장하는 지명 넷 중 하나(다른 셋은 동해, 백두산, 대한)로 우리나라의 대표적인 지명이 되었다. 그리고 그 이름은 '남산동', '남산골 한옥마을', '남산 순환도로', '남산 체육관'과 같이 다양한 행정구역, 인공시설, 상업시설의 기원이 되었다.

'남산'이라는 지명은 그 장소가 가진 특성에 따라 이곳을 찾아오고 바라보는 사람들에게 다양하고도 특별한 의미와 상징성을 부여해 왔다. 사계절 색깔을 바꾸어가며 사람들을 맞이하는 공원으로서 남산은 따뜻하고 편안한 휴식처의 이미지로 인식되었다. 미래를 함께 꿈꾸며 걷고 자물쇠를 채우는 연인들에게 남산은 나눔과 언약의 느낌으로 다가왔다. 중요한 신호를 전하는 봉수대와 함께 남산은 수호의 의미를 부여받았다. 군사정권 시절에는 이곳 기슭에 있었던 국가정보기관의 거대한 힘으로 말미암아 억압과 괴로움의 대명사로 인식되기도 했다.

그러면 '남산'이 가리키는 대상의 범위는 어디까지일까? 남산의 정상에서 시작하여 어느 정도의 높이까지, 즉 소나무가 있고 벚꽃이 만개하는, 우리가 '산'이라고 인식하는 곳을 남산이라 부르는 데에는 어떤 이의도 제기하지 않는다. 공식적으로는 '남산공원'으로 지정된 곳을 남산의 범위로 삼을 수도 있다.

그러나 사람들이 부르는 '남산'의 범위는 이보다 넓어질 수 있다. 예를 들어 남산 인근에 사는 사람들이 스스로의 거주지를 말할 때 남산과 연관시켜 자신의 집이 남산에 있다고 말할 수 있다. 재미있는 것은 남산의 남쪽, 후암동에 살았던 필자는 어린 시절 남산을 수도 없이 올랐어도 남산에 산다고 생각했던 적이 없었던 반면에, 남산 북쪽에 살았던 어릴 적 친구들은 남산 주민이라는 정체성이 강했던 것으로 기억한다. 아마도 그들이 다

남산은 우리에게 좋은 등산로이자 휴식의 장소, 언약의 장소, 수호의 장소라는 다양한 느낌을 준다. 왼쪽부터 한양 도성길에서 남산을 오르는 등산로(①), 연인들의 언약 자물쇠(②), 봉수대(③). (2012. 11.)

녔던 '남산국민학교'가 그곳에 있었기 때문이 아닐까 생각한다.

남산은 서울에만 있는 것이 아니다. 경주에도 있고, 공주에도 있고, 대구에도 있다. 우리나라의 지명을 관리하는 정부기관인 국토지리정보원이 제공하고 있는 지명 데이터베이스에 의하면, 남산은 전국적으로 모두 101개가 있다.* 전 세계적으로 같은 뜻을 가진 이름까지 모두 포함한다면, 영어권의 사우스마운틴(South Mountain), 프랑스어권의 몽탠드쉬드(Montagne du Sud), 독일어권의 쥐트베르크(Südberg) 등, 그 수는 훨씬 많아진다. 그러나 서울의 남산과 경주의 남산, 그리고 미국 애리조나의 사우스마운틴은 매우 다른 정체성과 느낌을 가지고 주민들 또는 그 이름을 부르는 사람들에게 다가온다.

---

* 《국토정보플랫폼》에서 제공하는 『지명사전』에 의한 것이다. http://map.ngii.go.kr/ms/nmfpcInfo/nmfpcBeffat.do

'국제' 지명이 된 강남

  2012년, 독특한 리듬과 안무를 가지고 세계를 강타했던 「강남스타일」
이라는 노래는 대중 매체의 도움에 의해 '강남(Gangnam)'이라는 지명을 세
계적으로 알리는 데 크게 기여했다. Gangnam은 2012년 미국명칭협회
(American Name Society)에 의해 '올해의 지명'으로 선정되는 영광을 누렸
다. 이 노래의 첫 구절인 "오빠 강남스타일(Oppan Gangnam Style)"이란 가
사는 뮤직비디오의 강렬한 인상을 '강남'이라는 지명과 연상시키면서, 같

'강남'은 강의 남쪽이라는 위치적 특성에 의해 부여된 지명이지만, 우리나라 대표적인 상업 중
심지, 문화·교육중심지, 부유함과 화려함의 이미지를 축적해 왔다. 테헤란로가 시작되는 강남역
에서 보는 빌딩숲이나(① 성형외과를 중심으로 한 전문 의료기관의 간판은(② 다양한 모습을
지닌 강남의 한 단면을 보여준다. 장소와 지명으로서 '강남(Gangnam)'의 브랜드 가치를 이용한
랜드마크를 만드는 일은 아직도 진행 중이다(③ 압구정 로데오거리의 '아이러브유(I love You)'
조각상, ④ 청담동 케이스타거리의 강남돌(GANGNAMDOL) 캐릭터, ⑤ 강남역의 강남스퀘어, ⑥
코엑스몰의 강남스타일 조각상]. (2018. 4.)

은 해『예일 인용구 연감(Yale Book of Quotations)』이 선정한 '올해의 10대 인용구'에 들기도 했다.

사람들은 한강 이남의 지역을 '강남(江南)'이라고 불렀고, 이에 따라 행정구역, 지하철역, 학교, 교통시설 등 다양한 대상을 이 이름을 따서 부르게 되었다. 강남은 대형의 고급 아파트가 밀집하면서 고소득층 거주지의 대명사가 되었고, 명품 숍, 의료시설, 건강·뷰티 숍, 고급 식당과 카페 등이 모여 들면서 우리나라 최고의 상업 중심지, 정보통신(IT)산업, 문화와 교육의 중심지가 되었다. 이러한 발달과 함께 '강남'이라는 지명은 부유함과 화려함의 이미지를 더해가고 있다. 그러나 그 반면에 사치와 낭비, 세속적인 유흥의 인식이 존재하는 것도 사실이다.

'강남'의 범위에 대해서는 다양한 관점이 존재한다. 어원으로 보자면 한강의 남쪽을 모두 일컫는 것이라야 하겠지만, 위에서 말한 특성을 가진 강남은 이보다 훨씬 좁아져 강남구와 서초구, 좀 더 넓힌다면 송파구까지 포함하는 범위라는 데에 의견이 모아진다. 사람에 따라 이 중에서 일부 지역만을 특화해서 말하는 경우도 있다. 강남역이나 압구정동, 삼성역과 코엑스, 대치동 등이 중요한 랜드마크로 인식된다.

기만 해협, 기만 해협 공원, 기만로, 기만 카페

미국 북서부 워싱턴주에 디셉션패스(Deception Pass)라는 물길이 있다. 영어로 deception은 '속임' 또는 '기만'이라는 뜻이고 pass는 '급하게 흐르는 물살', 우리말 단어로는 '해협'으로 번역할 수 있으므로, 디셉션패스를 굳이 우리말로 번역하자면 '기만 해협' 정도가 될 것이다. 우리말 고유명사에서도 각 글자가 뜻을 가지고 있는 한자어의 의미를 새기지는 않으므로, 이를 번역하기보다 그냥 '디셉션패스'라고 쓰는 것이 더 적절한 표기 방법일 것이다.

이곳의 지명에 왜 '속았다'는 의미가 들어갔을까? 이것은 이 지역의 초기 정착시대에 활동했던 영국해군 장교 밴쿠버(George Vancouver)와 관련 있다. 이 지역은 전반적으로 빙하의 영향을 받아 복잡한 해안선과 물길, 그리고 섬이 만들어진 곳이다. 18세기 말, 이 지역을 항해했던 밴쿠버는 멀리서 이곳이 육지로 연결되었고 이 물길은 육지로 막혀 있는 만(灣)이라

영국 해군장교 밴쿠버는 막힌 것으로 생각했던 물길이 터져 있는 것을 발견한 후, 이곳에 '속았다'는 의미의 디셉션패스(Deception Pass)라는 이름을 붙인다. 이 이름은 후대에 카페(②), 도로(③), 공원(④) 등 주변 시설에 남겨져 재미있는 느낌을 준다. 바다로 흘러가는 빠른 물길 위에는 섬과 육지를 잇는 다리가 놓여 있다(①). (2009. 3.)

고 생각했다. 그런데 가까이 가보니 물길은 뚫려 있었던 것이다. 그는 자신이 속았다는 뜻의 이름을 붙인다. 그는 속았지만 자신의 이름을 이 지역의 아름다운 도시(밴쿠버시)와 섬(밴쿠버섬)에 남기는 영광을 갖게 된다.

현재 이곳은 다리로 물길 건너편의 위드비섬(Whidbey Island)과 연결된다. 밴쿠버는 자신과 함께 왔던 항해사 위드비(Joseph Whidbey)를 기념하여 이 이름을 붙였다. 더욱 재미있는 것은 그가 명명했던 '디셉션패스'의 위력이다. 다리를 지나 이 섬으로 들어서면 카페와 공원이 나타나는데, 그 이름이 디셉션 카페(Deception Cafe)와 디셉션패스 주립공원(Deception Pass State Park)이다. 공원으로 연결된 길은 디셉션 로드(Deception Road)이다. 우리말로 굳이 번역하자면 '기만 카페', '기만 해협 공원', '기만로' 정도가 될 것이다. 연쇄적으로 붙여진 지명의 유래를 모르는 사람이 그곳에 가면 무언가에 속게 되지 않을까 의심이 들 것 같기도 하다.

인간, 장소, 지명
일반화된 서술

앞의 사례로부터 다음과 같은 점을 말할 수 있다. 이들은 인간, 장소, 지명 간에 발견되는 일반화된 서술로서 이 책이 지금부터 찾아내고 확인하려는 내용이다.

▶ 인간은 장소를 인식하여 정체성(identity)을 부여하며 이에 상응하는
　이름을 붙인다. '남산'은 나를 중심으로 남쪽에 있는 산, '강남'은 강의
　남쪽에 있는 지역의 이름이다(〈도표 1-1〉의 a).

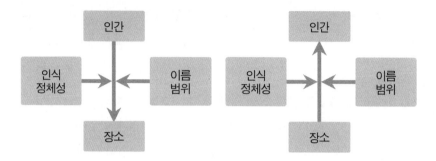

인간은 정체성을 가진 특정 범위의 장소를 인식하여 이름을 붙인다.	장소는 그 이름으로 인간의 인식(정체성)에 영향을 미친다.
a	b

▶ 그러나 지명이 한번 붙여진 후 문자적 의미는 쇠퇴하며 그 장소는 지명과 함께 새로운 정체성을 갖게 된다. '남산'을 부를 때, 남쪽에 있는 산이라는 의미는 줄어들며, 휴식, 만남, 기원, 수호의 새로운 장소성이 부여된다. '강남'은 강의 남쪽보다는 소비, 부유, 화려함의 느낌으로 다가온다. 이처럼 지명은 장소에 대한 인간의 생각에 영향을 미친다(〈도표 1-1〉의 b).

▶ 지명의 대상인 장소는 특정 범위를 가지지만, 부르는 사람의 인식에 따라 다른 공간 범위를 가질 수 있다. '남산'과 '강남'을 부를 때, 그 지칭의 영역은 어떤 인식을 가진 주체에 의해, 어떤 맥락에서 부르냐에 따라 달라진다.

▶ 하나의 지명이 연쇄적으로 다른 지형물 또는 시설을 일컫는 데에 사용된다. 이때 그 원천적 의미는 잊히고 고유명사로 기능한다(디셉션 카페, 디셉션 로드 등).

▶ 하나의 장소를 일컫는 지명이 다양하게 존재할 수 있으며 변화를 겪기도 한다(남산의 옛 이름이 목멱산이듯). 또한 하나의 지명이 여러 장소를 일컫는 데에 사용될 수 있다(서울의 남산과 경주의 남산, 대구의 남산 등).

위의 마지막 발견은 다음 서술을 정당화한다.

▶ 한 장소에 대한 지명이 여러 개 존재할 때 원활한 소통을 위해 하나로 통일하는 작업이 필요하다. 여기에는 적절한 원칙과 절차가 있어야 하며 공식화된 과정을 통해 권위를 부여해야 한다.

여기서 한걸음 더 확장하면 다음 서술이 가능하다.

▶ 한 언어권의 지명은 다른 언어로 전환하여 사용될 수 있어야 한다. 우리 지명을 표기하기 위한 적절한 로마자 표기법과 속성 요소의 표현 방법이 있어야 하며, 외국 지명을 우리말로 표기하기 위한 원칙도 있어야 한다. 남산의 영문 표기는 여전히 Namsan, Nam Mountain, Namsan Mountain 등으로 다양하게 쓰이고 있어 통일된 형태가 필요하다.

이 책은 이러한 서술을 뒷받침하는 내용을 담기 위해 준비되었다. 다양하고 재미있는 국내·외의 사례를 제시할 것이다. 이와 함께 우리나라와 유엔지명회의에서 이루어지고 있는 국내 및 국제 규범을 함께 다루고자 한다. 이 책의 여러 곳에서 언급되는 유엔지명회의는 유엔경제사회이사회 산하에 있는 유엔지명전문가그룹(United Nations Group of Experts on

Geographical Names: UNGEGN)과 2018년까지 존재했던 유엔지명표준화총회(United Nations Conference on the Standardization of Geographical Names: UNCSGN)를 총칭하여 사용한다. 이 기구의 성격, 기능, 활동에 대해서는 제5장에서 서술한다.

02 이름 짓는 인간
인간의 장소 인식과 네이밍

호모 오노마스티쿠스(Homo Onomasticus)와 명칭과학

오노마스틱스(onomastics)라는 학문 분야가 있다. 그리스어 어원으로 '이름'이라는 뜻의 'onoma(όνομα)'에 학문 분야를 나타내는 '-stics'가 결합되어 만들어진 단어로서, 우리말로는 '명명학' 또는 '명칭과학'으로 번역할 수 있다. 우리나라에도 역사 깊은 성명학(姓名學)이 있으니 그 용어는 없었지만 이름과 관련된 사상체계와 논리적 틀이 이에 상응하는 학문 분야로 존재해 왔다고 할 수 있다. 단, 오노마스틱스는 사람과 장소의 이름뿐 아니라 동물 이름, 건물 이름, 천체 이름 등 존재하는 모든 고유명사를 대상으로 하고 있다는 점이 특이하다. 이름에 관심 있는 학자와 전문가가 참여하는 국제명칭과학협의회(International Council of Onomastic Sciences: ICOS)가 있으며 1938년 창설되어 3년마다 대규모의 총회를 개최한다.

1. Paris 1938
2. Paris 1947
3. Bruxelles 1949
4. Uppsala 1952
5. Salamanca 1955
6. München 1958
7. Firenze 1961
8. Amsterdam 1963
9. London 1966
10. Wien 1969
11. Sofia 1972
12. Bern 1975
13. Kraków 1978
14. Ann Arbor 1981
15. Leipzig 1984
16. Québec 1987
17. Helsinki 1990
18. Trier 1993
19. Aberdeen 1996
20. Santiago de Compostela 1999
21. Uppsala 2002
22. Pisa 2005
23. Toronto 2008
24. Barcelona 2011
25. Glasgow 2014
26. Debrecen 2017
27. Kraków 2021
28. Helsinki 2024

국제명칭과학협의회(ICOS)는 28차례 총회 중 25회가 유럽에서 개최된 데에서 나타나듯(나머지 3회는 북미), 유럽이 주도하는 학자, 전문가의 모임이다. 필자는 2011년에 아시아의 두 번째 회원이 되었고, 연례 학술지 *Onoma*의 2016년 특집호 <아시아의 명칭과학(Asian Onomastics)>에서 초청 편집자로 기여했다.

 자기의 주변에 있는 유·무형의 사물에 이름을 부여하는 것은 인간의 기본적인 속성이다. 인간은 이름을 부여함으로써 그 대상과 나와의 관계를 규명한다. 그 관계는 지배와 소유일 수도 있고 정서적 유대와 교감일 수도 있다. 이웃, 친구, 연인과 나누는 '우리'만의 이름은 친밀함과 동질감의 표현이 되기도 한다. 이를 필자는 '이름 짓는 인간' 또는 '호모 오노마스티쿠스(Homo onomasticus)'라 표현하고 싶다. 새로운 이름을 부여하거나 이미 사용하고 있던 이름을 바꿈으로써 변화를 추구하고 가치를 높이려는 노력은 주변에서 흔히 볼 수 있는 일이 되었다. '네이밍(naming)'은 이제 일상적인 용어로 사용된다.

 이름 짓는 일은 성경에 나타난 인류 최초의 인간 아담에게도 매우 중요한 일이었다. "아담이 각 생물을 부르는 것이 곧 그 이름이 되었더라. 아담이 모든 가축과 공중의 새와 들의 모든 짐승에게 이름을 주니라(창세기 2:19-20)." 하나님이 만든 인간 아담에게 이 땅을 지배하라고 명령을 주었는데, 그 지배의 첫 번째 방법이 바로 이름을 부여하는 일이었다. 아담의 후손들이 정착한 곳에는 예외 없이 특별한 의미가 있는 이름이 붙여진다. 인류 정착의 역사는 네이밍의 역사라 해도 과언이 아니다.

유엔지명전문가그룹(United Nations Group of Experts on Geographical Names: UNGEGN)이 장소의 네이밍이 갖는 의미에 대해 선정한 다음 인용구(유엔지명전문가그룹, 2012: 22)에 주목해 보라.

인간은 도구를 만드는 자이고 생각하는 자이며 동시에 이름을 짓는 자다. _조지 스튜어트, 『지구 위의 지명』(1975).

우리가 깨닫든 깨닫지 못하든, 지명은 지구에 사는 모든 인간들의 가장 중요한 필요를 채워주는 존재다. _알랭 발리에르, 『유엔지명교육과정 교재』(1992).

여행할 때 우리는 장소에 방문한다기보다는 지명에 방문한다는 표현이 맞을 것이다. _윌리엄 하즐릿, 『프랑스, 이태리 여행기』(1826).

네이밍의 전제
호모 게오그라피쿠스의 장소 인식

장소의 이름은 어떻게 부여되는가? 지명 연구의 기본 전제는 "어떤 이름도 우연히, 아무 생각 없이 정해진 것은 없다"는 것이다. 그 생각은 장소에 대한 인식으로부터 시작한다. 인간은 특정 장소에서 태어나 살면서 그 땅을 알아가며 삶의 폭을 넓혀간다. 다른 땅에 대한 호기심이 그곳으로 이

끌어 새로운 체험을 하게도 한다. 전혀 낯선 곳으로 이사하게 되면 내 고향의 특성과는 다른 독특한 차이를 뚜렷하게 인식할 수 있게 된다. 공부, 일, 여가, 쇼핑으로 매일 이동하면서, 때로는 여행이라는 명목으로 보다 먼 거리 이동을 하면서, 주변을 보고 관찰하고 땅의 이치, 즉 지리(地理)를 알아가는 것이다. 인간은 본질적으로 지리적 존재, 즉 '호모 게오그라피쿠스(Homo geographicus)'라 하겠다(Sack, 1997).

호모 게오그라피쿠스의 가장 기본적인 장소 인식은 대상과의 위치적 관계이다. 나 또는 우리의 남쪽에 있는 산은 남산, 북쪽에 있는 마을은 북촌(北村), 위에 있는 마을은 상리(上里), 뒤에 있는 마을은 뒷골(後谷)이다. 대도시에는 어김없이 중구, 남구, 동구, 북구가 있다. 특정 지형물을 기준으로 한 위치 인식도 흔히 발견된다. 서울특별시에는 한강을 기준으로 하는 강남구, 강동구, 강서구, 강북구, 도성(都城)을 기준으로 하는 성동구, 성북구, 그리고 중구까지 모두 일곱 개 자치구가 위치 요소를 갖고 있다.

그러나 위치적 관계에 의한 지명은 상대적인 것이라 상황이 달라지면 그 의미와 어긋나는 경우가 나타난다. 특히 광역화를 경험한 도시의 경우, 중구는 더 이상 도시의 중앙이 아니고, 동구와 남구는 더 이상 광역도시의 동쪽과 남쪽에 있지 않을 수 있다. 이때 위치와 어긋난 지명에도 역사와 문화, 그리고 정서가 담겨 있기 때문에 유지하자는 주장과 현대적 의미에 맞는 새로운 이름으로 브랜드 가치를 높이자는 주장이 맞서는 경우가 있다.

남구에서 미추홀구로, 동구와 서구는?

1883년 제물포항의 개항과 더불어 발전하기 시작한 인천은 항구가 도시의 중심 역할을 했기에 이곳을 중구라 부를 합당한 이유를 갖고 있었다. 중구의 오른쪽은 동구, 아래쪽은 남구, 남구의 위는 북구, 북구의 왼쪽은 서구라 한 것도 타당성이 있었다.

그러나 인천은 간척으로 인한 토지 확대와 경인고속도로와 수도권 전철의 개통을 경험하면서 산업화의 중심이자 서울의 베드타운으로서 발전을 거듭했고, 이에 따라 도시의 영역도 지속적으로 확대되었다. 1988년 남구에서 분리된 곳을 남동구라 했고, 1995년 광역시로 승격하면서

인천광역시 행정구역(미추홀구는 2018년 6월 말까지 남구로 불렸다)

북구를 분리하여 경인고속도로의 북쪽은 계양구, 남쪽은 부평구, 남구에서 분리된 곳은 연수구라 하였다. 이 중 계양(桂陽)과 부평(富平)은 고려시대 이래, 남동(南洞)과 연수(延壽)는 1914년 일제의 행정구역 조정 이래 사용된 지명이었다.

위치적 의미를 고려할 때 현재 인천의 중구, 동구, 남구, 서구라는 지명이 광역시 전체의 행정구역 배치와 어울리지 않는 것은 분명하다. 서해에 떨어져 있는 섬 영종도도 중구에 속한다. 그러나 이 지명들도 사용된 지 50년이 되었기 때문에 (1968년 제정), 주민들의 정서가 배어 있는 역사성 있는 지명이라는 주장도 가능하다. 인천광역시는 위치적 불합리를 탈피하고 브랜드 가치를 높인다는 목적으로 이름 변경을 추진하여 2018년에 남구를 백제 초기 도읍지 이름을 따서 미추홀(彌鄒忽)구로 변경하였다. 동구는 구한말 해안 경계 요새의 이름으로 화도진(花島鎭)구, 서구에는 서곶(西串), 연희(連喜), 검단(黔丹) 중 하나로 바꾸길 원했으나, 반대에 부딪혀 답보 상태에 있다.

평화로운 바다 태평양, 검은 바다 흑해

장소 인식의 두 번째 요소는 현상에 대한 서술과 느낌의 표현이다. 태평양의 영어 표기 'Pacific Ocean'은 포르투갈의 탐험가 마젤란(Ferdinand Magellan)이 이 바다를 보고 '평화롭다'는 뜻으로 'Pacifico'라 불렀다는 데에서 유래한다. 1519년 세계 일주 항해를 시작한 그는 남미의 끝부분 혼곶(Cape Horn)을 지나면서 거센 폭풍우를 만난다. 고생 끝에 찾아온 바다는 넓고 고요한 곳. 마젤란이 이곳에서 느낀 평화로움은 이제 각 언어의 이름(독일어 Pazifischer Ozean 또는 Stiller Ozean, 프랑스어 Océan Pacifique, 스페인어 Océano Pacífico 등)을 통해 전 세계인에게 전달되고 있다. 한자어권에서는 이탈리아의 선교사 마테오 리치(Matteo Ricci)가 1602년 만든 세계지도 ≪곤여만국전도(坤輿萬國全圖)≫에 '太平海'라고 표기한 것이 시작이었다고 알려진다.

유럽과 아시아 사이에 있는 바다 흑해(黑海)는 러시아, 루마니아, 불가리아, 우크라이나, 조지아, 튀르키예(터키)의 여섯 나라에 의해 둘러싸여 있다. 각 언어권에서 부르는 이름은 공통적으로 '검은 바다'라는 뜻을 갖고 있어 영어의 'Black Sea'나 한자어권의 '흑해(黑海)'와 모두 동일하다. 그 표현에서 보듯 검게 보이는 바다를 묘사한 데서 유래했다고 알려져 있으나, 검정이 북쪽을 나타내는 의미로 쓰여 왔다는 점에 주목해 '북쪽에 있는 바다'라고 해석하는 설도 있다. 이것이 맞는다면 붉은 바다 홍해(Red Sea)는 '남쪽에 있는 바다'가 될 것이다. 색깔을 묘사한 바다로는 이밖에도 러시아 북서부 바렌츠해(Barents Sea)의 일부인 백해(White Sea)와 한반도 서쪽의 황해(Yellow Sea)가 있다.

흑해를 지칭하는 인접한 여섯 언어권의 이름은 모두 '검은 바다'라는 뜻을 갖고 있다(러시아어 Чёрное мóре, 루마니아어 Marea Neagră, 불가리아어 Черно море, 우크라이나어 Чорне море, 조지아어 შავი ზღვა, 튀르키예어 Karadeniz). 과연 여름의 흑해는 수많은 해초와 함께 검은 색을 띠고 있었다(①, ②). 그러나 몇 년 후 겨울바다는 여느 바다와 같이 맑고 깨끗한 물과 고운 모래사장을 드러내 보였다(③). (2012. 6.; 2016. 12.)

지형물이 생긴 모습을 묘사하는 이름은 산 이름에서 많이 발견된다. 국토지리정보원이 편찬한 『한국지명유래집』에 의하면 관악산(冠岳山)은 산의 정상부가 큰 바위기둥을 세워 놓은 모습으로 보여서 '갓 모습의 산'이라는 뜻으로, 독산(禿山)은 산봉우리가 뾰족해 나무가 없어 대머리같이 벗겨졌다고 하여, 가리봉(加里峰)은 갈라진 봉우리의 모습을 묘사하여 이름이 붙여졌다고 한다. 불암산(佛岩山)은 소나무로 만든 모자를 쓴 부처의 모습을 표현하는 이름이다. 눈 덮인 산 설악산(雪嶽山), 웅장한 백설 또는 백색의 부석을 자랑하는 백두산(白頭山), 태고의 흰색을 지닌 산 태백산(太白山) 등, 그 사례는 많다.

새롭게 생기는 마을과 시가지에는 '신(新)' 자로 그 의미를 새기고자 했다. 전국에서 발견되는 '신촌(新村)', '신설동(新設洞)'이 그것이다. 이러한 서술적 이름은 그 이름을 부여한 개인이나 공동체의 감정 또는 추구하는 이상향과 무관하다 할 수 없을 것이다. '신촌'이라 이름하면서 새로운 발전의 계기를 바라고, 관악산을 갓 쓴 모양으로 묘사하면서 점잖은 선비의 위엄이 펼쳐지기 바라고, 불암산을 바라보며 부처의 모습을 생각하면서 돈독한 불심을 바라지는 않았을까? 무엇이 되고픈 인간 본연의 욕망, 이것이 장소 인식과 더불어 그 이름에 나타나지 않았을까?

미국 시애틀의 꿈
뉴욕 워너비 또는 아름다운 전망

미국 북서부 워싱턴주의 항구도시 시애틀은 수려한 경관과 살기 좋은 환경으로 미국인들뿐 아니라 세계 관광객에 의해서도 사랑받는 도시이다. 마이크로소프트, 아마존, 보잉, 스타벅스의 본사가 위치해 있어 경제 기반도 든든하다. '시애틀(Seattle)'은 19세기 중반, 이곳으로 밀려오는 백인들과 우호 관계를 견지하고 있던 원주민 종족의 추장 시앨스(Noah Sealth)의 이름을 따서 백인 의사 메이나드(David Maynard)의 제안에 의해 붙여진 이름이라고 알려져 있다.

시애틀에 앞서 있었던 이름은 뉴욕 알카이(New York Alki)였다. 이곳으로 들어온 일리노이 출신 데니 일가(Denny Party)가 이미 대도시가 되어 있었던 동부의 뉴욕을 꿈꾸고 '점차로' 또는 '곧'이라는 뜻을 가진 원주민 단어 '알카이(alki)'를 덧붙여 만든 지명이었다. 당장은 어렵지만 곧 뉴욕과

미국 시애틀의 초기 정착자들은 그들이 머물렀던 곳이 뉴욕과 같이 거대한 도시가 되기를 바라는 마음에서 뉴욕 알카이(New York Alki)라는 이름을 붙인다. 시애틀 주민의 사랑을 받는 알카이 해변(①)에는 과거가 되어버린 그 이름의 유래, 초기 정착자들의 명단, 그리고 이곳이 시애틀의 탄생지임을 밝히는 내용을 적은 기념비와 뉴욕의 상징인 '자유의 여신상' 모조품이 세워져 있다(②, ③). '아름다운 풍경'이라는 뜻의 이름이 붙여진 인근 도시 벨뷰는 자연환경에 걸맞게 최고급 거주지, 문화·교육 및 IT산업의 중심지로 성장했다(⑤, ⑥). 이 두 이름의 상반된 현실을 보는 원주민 추장 시애틀은 어떤 생각을 가질까?(④) (2009. 1.; 2016. 6.; 2009. 3.)

같은 풍성한 도시가 되리라는 기대를 담은 이름, 즉 '뉴욕 워너비(wanna be)'의 뜻이었다. 이들이 정착한 곳은 현재 시애틀의 중심부에 접하고 있는 엘리엇만(Elliott Bay)의 건너편이었다. 그러나 데니 일가와 초기 정착자들은 곧 이곳을 버리고 바다를 건너 현재 다운타운의 중심, 파이어니어 광장(Pioneer Square) 부근으로 근거지를 옮긴다. 그들의 꿈은 이제 '뉴욕' 없이 알카이 포인트(Alki Point), 알카이 해변(Alki Beach), 알카이가(Alki Avenue) 등의 지명에 그 흔적이 남아 있을 뿐이다.

30년이 흐른 후, 무엇이 되고자 하는 꿈은 시애틀 동부 워싱턴 호수 건너편에 위치한 도시에서 다시 나타난다. 이곳의 이름은 '아름다운 풍경'이라는 뜻의 프랑스어 벨뷰(Bellevue)다. 이 지명의 유래에 대해서는 1880년대 새롭게 들어선 우체국의 창문에서 본 아름다운 풍경을 표현한 것이라는 설,* 초기 정착자들이 자신의 고향 이름을 따라 불렀다는 설, 1900년대 초 도시 건설의 주체가 지정했다는 설 등 다양하다. 어떤 경우라도 아름다운 풍경을 지닌 도시로 발전하기 원했던 주민들의 표현이었던 것은 분명해 보인다.

이름 그대로 벨뷰는 호수, 산, 숲이 어우러진 아름다운 정경을 제공하는 도시로 발전해 왔고, 현재 거주, 교육 환경, 문화적 다양성 평가에서 항상 상위의 순위를 차지한다. 벨뷰는 음성학적 부드러움이나 의미에 있어 선호되는 이름이었는지 캐나다, 호주, 스위스, 프랑스 등 전 세계에 40여 개의 동일한 지명이 있는 것으로 파악된다. 미국에서만 24개 주에서 28개의

---

* 미국 북서부의 경우, 몇몇 선도자 가족이 정착하여 마을이 형성되기 시작하면 우체국이 가장 먼저 생기는 촌락 발달사를 발견할 수 있다. 기록과 서신의 중요성이 중요시되던 사회 분위기가 엿보인다.

도시 또는 촌락이 이 이름을 사용하고 있다.

뉴욕 알카이와 벨뷰의 사례에서 보듯, 인간이 장소를 인식할 때 중요하게 착안하는 것이 이미 알고 있는 특정 대상 또는 마음속의 이상향과 연관을 맺는 것, 즉 '따라 하기'이다. 이를 지명 연구에서는 '동일시(identification)' 또는 '유연성(有緣性) 추구'라는 말로 표현한다. 이러한 동일시를 장소 인식의 세 번째 요소로 분류한다.

우리나라 지명에서 동일시의 대표적인 사례로 발견되는 것이 유교의 강목(綱目)에 기초한 것들이다. 인의동(仁義洞), 예지동(禮智洞), 효제동(孝悌洞), 충신동(忠信洞)이 대표적이다. 각 덕목을 나타내는 한 글자씩 포함된 지명을 합치면 그 수는 매우 많아진다. 한양도성의 주요 관문인 사대문의 이름, 홍인지문(興仁之門), 돈의문(敦義門), 숭례문(崇禮門)도 이와 같은 방법으로 붙여졌다.* 효자동(孝子洞)은 모본이 되는 효자를 기림으로써 그 덕목을 함양하려는 뜻이 담겼다.**

때로는 피하고 싶어 하는 의미를 가진 요소도 있다. 충남 청양군의 장평면(長坪面)은 1987년까지 적곡면(赤谷面)으로 불렸다. '적곡'은 고려시대 사찰로 추측되는 도림사가 있었던 적골에서 유래한 이름으로 1530년에 편찬된 『신증동국여지승람』에도 나오는 유서 깊은 지명이었다. 그런데 '붉을 적(赤)' 자가 문제였다. 반공 이데올로기의 압력은 엉뚱한 논란의 불씨를 일으켰고, 그 지역을 일컫던 이름 장수평야에서 현 이름을 채택하게

---

* 이 방법을 따라 북쪽의 대문은 본래 소지문(炤智門)이라 하려 했으나 숙청문(肅淸門)이 되었다. 이후 숙정문(肅靖門)이 혼용되었고 현재 현판에는 이 이름이 적혀 있다.
** 조선 선조 때 효자로 소문난 조원(趙瑗)의 아들 희정(希正)·희철(希哲) 형제에게 나라에서 문을 내려 이곳을 '효곡(孝谷)'이라고 한 데에서 유래되었다고 알려진다(국토지리정보원, 2008: 70).

했다. 현재 적곡은 도림사지가 있는 곳의 리(里) 이름으로 스케일 다운되어 남아 있다. '조선 해협'으로도 불리던 바다를 '대한 해협'으로 표준화한 것도 같은 이유라고 알려져 있다. 이와 같이 특정 사회적 주체가 어떤 지명의 의미를 나쁘고 거북한 것으로 보고 인위적으로 변경하는 동기로 작용하는 것을 역동일시(counter-identification) 또는 비동일시(disidentification)라고 한다(김순배, 2012: 69).

주변 지형물과의 동일시, 이로 인한 기득권의 선점

동일시를 통한 장소 인식의 편하고 흔한 대상은 주변의 지형물이다. 자신의 곁에 있는 산, 강, 마을, 인공지물, 특정 고유명사 등과 연관하여 스스로를 인식하고 이름을 붙이는 방법이다. 일반 지형물을 이용할 때에는 많은 경우 첫 번째 장소 인식의 방법이었던 위치적 요소와 결합된다. 내앞, 강변, 영동, 영서 등이 이에 해당한다. 인공 지형물로는 공항 인근의 공항동, 다리 아래 있는 마을 교하리, 장승이 세워져 있었던 장승배기 등 많은 사례가 있다. 도로명주소의 많은 이름은 이 방법을 따랐다.

주변의 지형물을 이용하는 지명 제정은 편한 방법일 뿐 아니라 그 지명을 통해 주변에 무엇이 있는지 또는 어떤 역사가 있는지 예측하게 하는 중요한 정보제공의 근원이 된다. 대학로는 대학과 관련된 시설 또는 역사가 있음을 짐작하게 한다. 서울지하철 4호선 하행선을 타고 서울대공원에 가려면 대공원역에서 내려야 하는 것이 명백하다. 서울을 벗어나는 버스를 타려면 고속터미널역에서 내린다. 독일이나 오스트리아에서 시내 중심을 가려면 시청을 의미하는 'Rathaus'라는 표지판을 따라가면 된다.

지형물을 이용하는 네이밍은 연쇄적으로 일어나는 특징을 갖는다. 남산에 있는 탑은 남산타워이고 그 밑의 공간은 남산타워광장, 그 옆에 있는 커피 전문점은 남산타워광장점이다. 여기에 도로명주소를 붙인다면 남산타워광장 1길, 2길이 되고, 여기 있는 조그만 상점의 주소는 남산타워광장 1길 1번지가 될 것이다.

주변 지형물로부터 장소를 인식하고 그 이름의 근원을 찾는 방법은 때로는 그 지명을 차지하기 위한 쟁탈전으로 발전하기도 한다. 지명 제정의 여러 주체가 동일한 지형물로부터 기원하는 지명을 사용하려 할 때, 혼동이 있을 수 있으며, 그 지명의 고유성도 위협받을 수 있기 때문이다. 서울과 경기도 연접 지역에 조성된 위례신도시의 경우, 이를 구성하는 세 개의 지방자치단체 간에 '위례'라는 이름을 어떻게 사용할 것인지에 대한 줄다리기가 진행되었다. 마포 갈비나 순창 고추장과 같이 지명을 사용하는 상호의 원조 논쟁도 같은 맥락으로 이해할 수 있다. 지명의 정치적 속성과 분쟁, 그리고 브랜드 가치에 대해서는 별도의 장으로 다룬다(제8장, 제9장, 제11장 참조).

세종시, 김유정역, 퀸즐랜드, 절두산
또 다른 '따라 하기'의 대상, 인물과 사건

지역균형발전을 목표로 행정기능을 이전하고 인력과 기능을 함께 이주해 탄생시킨 행정중심복합도시의 이름은 세종특별자치시다. 그 이름 세종(世宗)이 한민족 역사상 가장 위대한 왕 세종대왕의 이름에 기원했다는 것은 대한민국 국민이면 누구나 아는 사실이다. 이 신도시 개발과 도시이

송파구 위례동, 성남시 위례동, 하남시 위례동

'강남지역의 안정적인 주택 수급과 서민층의 주거안정 도모'라는 기치 하에 시작된 위례신도시는 수도권 개발제한구역이 조정되면서 조성된 토지 6.8km²에 4만 6000가구를 수용하는 신도시로 개발되었다. 초기에는 송파신도시라 했으나, 2008년 개발계획을 발표할 때 역사 지명인 백제 도읍 위례성의 이름을 따서 위례신도시로 변경했다. 개발 대상 지역이 서울시 송파구뿐 아니라 경기도 성남시와 하남시의 3개 기초지방자치단체에 걸쳐 있기 때문이었다.

계획 수립 당시에는 행정구역 통합을 목표로 했으나 지자체 간 이해관계의 상충으로 성사되지 못했다. 각 지자체로 남기로 한 후, 문제는 신도시의 대표 브랜드 '위례'를 누가 가져갈 것인가, 즉 각 지자체 관할의 행정동, 공공시설, 학교 등에 위례를 어떻게 쓸 것인가 하는 것이었다. 송파구는 가장 먼저 입주했다는 이유로, 성남시는 관할면적과 입주 인구가 가장 크다는 이유로, 하남시는 옛 지명이 '위례'였다는 점을 강조하면서 기득권을 주장했다.

결국 동일한 이름의 세 개 행정동 '위례동'과 세 개의 '위례동주민센터'가 탄생했다. 그러나 다행히 위례초등학교, 위례중학교, 위례고등학교는 하나씩만 개교했다. 이들은 모두 하남시 행정구역 안에 있다. 다른 행정구역의 학교는 차별화된 이름을 사용한다(위례 고운 초등학교, 위례 푸른 초등학교, 위례 중앙 중학교, 위례 한빛 고등학교 등).

위례신도시는 2013년 12월부터 입주가 시작되어 현재 하나의 도시로 기능하고 있다. 그러나 생활권을 공유하는 신도시 주민들에게 같은 이름의 세 개 동(洞)과 주민센터, 별개로 운행되는 버스노선은 여전히 낯설기만 하다. 검색엔진 네이버가 제공하는 지도에는 여전히 세 개의 위례동이 표기된다. (사진, 화면 캡처 2016. 3.)

름 제정의 사례를 유엔지명전문가그룹에 보고했을 때(제28차 총회, 2014, 뉴욕), 세계 각국의 전문가들이 관심을 가졌던 것은 공모를 통한 지명 제정의 과정과 결과였다.

실제로 공모를 통해 제안된 1,383개 이름은(중복된 것까지 포함하면 2,163개) 203개, 20개, 10개로 좁혀졌고, 최종 3개 후보로 압축되었다. 이 중 한글 창제를 비롯해 수많은 업적을 남긴, 한국인이 가장 존경하는 세종대왕의 이름을 채택하기로 결정했다. 세종대왕의 창의력과 독창성, 그리고 미래를 향한 비전 모두 새롭게 출범하는 행정도시의 이름으로 적합하다고 평가되었다. 나머지 두 개의 후보는 인근의 금강(錦江)과 단단한 금속 금강(金剛)의 중의적 의미를 가진 '금강'과 하나의 또는 큰 울타리라는 뜻을 가진 '한울'이었다.

이와 같이 인물은 지명 제정을 위한 또 다른 '따라 하기'의 대상이다. 장소와 인연이 있는 인물의 이름을 지명에 사용함으로써 그 인물의 업적을 기리며 그를 닮아 가자는 의미를 담는 것이다. 탄생, 성장, 거주, 활동, 방문 등, 대상 인물이 해당 장소와 맺은 모든 인연이 동원된다. 이 관점에서 보면 세종시는 우리나라 모든 영역에 영향력을 미친, 말하자면 전국구 인물의 이름을 사용한 사례라 해석할 수 있겠다. 인물뿐 아니라 사건과 역사도 기념이 대상이 되며 이를 통틀어 '기념 지명 제정(commemorative naming)'이라 한다.

기념 지명 제정은 우리에게는 그리 익숙한 방법이 아니다. 해방 직후 1946년 일제 지명을 개정하는 과정에서 민족정기를 다시 세우자는 의미로 세종로, 충무로, 퇴계로, 을지로, 원효로 등 역사적 인물을 기리는 지명 제정이 도입되기 시작했고, 도로명주소를 제정하면서 그 숫자는 급속히

늘었다. 경춘선의 신남역을 김유정역으로 바꾸면서 장소 마케팅의 수단
을 도입하기도 하고, 이순신대교, 김대중대교와 같이 새롭게 건설되는 교
량에 위인의 이름을 사용하기도 한다. 과거에는 시호(諡號), 아호(雅號), 법
명(法名) 등을 사용했으나 최근에는 실명을 사용하는 사례가 많아진다.

반면에 거대한 이주민이 들어오면서 발전한 곳에서는 인물을 사용한

강원도 춘천시는 '신남역'이 '김유정역'으로 변경된 것을 계기로 이곳 출신인 소설가 김유정을
주제로 하는 문학촌과 이야기 길을 조성함으로써 관광객을 유치하려 했다. 이와 같이 인물의
이름을 이용한 지명 제정은 그 인물을 기념할 뿐 아니라 장소의 브랜드 가치를 높이는 수단이
되기도 한다(①, ②). 1837～1901년 재위에 있으면서 영국의 전성기를 이끌었던 빅토리아 여왕
은 식민지 곳곳에 '대표' 여왕으로서의 흔적을 남겼다. 1859년 6월 6일, 여왕의 사인에 의해 독립
한 호주의 퀸즐랜드는 그녀를 기념하는 이름을 갖기로 했고 매년 이날을 '퀸스랜드 데이'로 지
킨다. 퀸즐랜드의 주도인 브리즈번(Brisbane)은 이미 존재했던 브리즈번강의 이름을 따온 곳인
데 이 강 이름은 뉴사우스웨일스 주지사 토마스 브리즈번 경의 이름에서 온 것이었다(③). 루마
니아 북서부의 도시 티미쇼아라(Timişoara)는 독재자 차우셰스쿠(Nicolae Ceausescu)에 항거해 대
대적인 시위를 벌인 날 1989년 12월 20일을 기념하여 도로명을 정했다. 그는 그해 12월 25일 처
형되었다(④). (2010. 12.; 2006. 7.; 2008. 9.)

지명이 흔하게 발견된다. 미국의 워싱턴(Washington − 시, 주)은 초대 대통령, 캐나다의 밴쿠버(Vancouver − 시, 섬)는 이 지역을 개척한 영국 장교, 호주의 퀸즐랜드(Queensland − 주)는 이곳을 뉴사우스웨일스로부터 분리 독립시키는 문서에 사인한 영국 여왕 빅토리아, 뉴질랜드의 웰링턴(Wellington − 시)은 초기 정착 시대 발전에 기여한 웰링턴 백작을 기리는 이름으로 사용된다. 오랜 정복의 역사를 거치면서 개척자, 정치인, 귀족, 예술가, 과학자 등 다양한 부류의 인물들이 그 이름을 장소에 남겼다. 그러나 원주민 인물의 이름을 사용한 사례는 매우 드물다.

지명은 소통을 위한 사용자 간의 약속이기 때문에 인물 이름을 사용하는 것도 그 장소 주민의 동의에 기초해야 한다. 인물에 대한 거부감이 없어야 하며 해당 장소와 연관이 있어야 하는 것이 원칙이다. 유엔지명전문가그룹(UNGEGN)은 생존 인물의 이름 사용을 자제할 것과 사후 일정 기간이 지난 후에 그 이름을 사용할 것을 권고한다. 해당 인물에 대한 역사적 평가를 위한 시간이 필요하다는 뜻이었다. 생존해 있는 정치인이나 권력자의 이름을 딴 지명의 변경으로 인한 왜곡, 그리고 이들의 몰락으로 인한 지명의 환원 등 많은 불편한 사례를 세계 각국에서 보아왔던 것이다(제5장 참조).

기념의 대상은 인물뿐 아니라 사물이나 역사적 사건이 되기도 한다. 서울 한강변에 있는 산봉우리 절두산(切頭山)의 원래 이름은 머리를 치든 누에라는 뜻의 잠두봉(蠶頭峰)이었다. 1866년 병인박해 때 천주교도들이 목이 잘려 순교한 사건을 기려 현재의 이름으로 불리게 되었고 순교 성지의 대명사로 사용되고 있다. 이밖에 이민자를 태우고 온 배의 이름이나 혁명의 사건을 기리기도 한다.

뉴욕 맨해튼 5번가, 42번가, 32번가
편리하고 실용적인 방법, 숫자로 이름 짓기

이름 붙일 대상은 많은데 거주 공간으로 역사가 짧고 주변에 차별화된 지형물도 없이 이제 계획도시로서의 모습을 갖추어가고 있다면, 어떻게 지명을 붙이는 것이 좋을까? 가장 쉬우면서도 효율적인 방법이 미국 도시의 도로명에서 흔히 볼 수 있는, 숫자를 이용한 지명 제정이다. 뉴욕의 맨해튼이 대표적이다.

맨해튼섬은 초기 이주자들이 거주했던 남쪽 지역(Lower Manhattan이라 함)을 넘어 도시가 확대되면서 남북으로 난 도로에는 1번 애비뉴(1st Avenue)부터 11번 애비뉴(11th Avenue)까지, 동서로 난 도로에는 1번 스트리트(1st Street)에서 220번 스트리트(220th Street)까지 이름을 붙였다. 그리고 동서를 가르는 가운데 남북 5번 애비뉴를 기준으로 동서 간 도로 동쪽은 E, 서쪽은 W를 붙이는 방법으로 위치를 가늠하게 했다. 처음 방문한 사람도 뉴욕의 대표적 랜드마크인 센트럴파크의 동쪽 도로가 5번 애비뉴, 남쪽 도로가 서(W) 59번 스트리트임을 기억하고 있으면 6번 애비뉴와 7번 애비뉴 사이 서(W) 53번 스트리트에 있는 뉴욕현대박물관의 위치를 짐작할 수 있게 한 것이다.

이렇게 장소 인식의 네 번째 요소인 숫자를 이용한 계수적 명명은 매우 편리한 지명 제정의 방법이다. 그러나 편의성에 근거해 숫자만으로 만들어진 지명에도 시간이 흐르면서 특정한 정체성이 쌓이는 것을 발견하게 된다. 이것은 같은 장소로 모이는 특정 기능의 클러스터를 통해 나타난다. 맨해튼의 경우, 명품 점포들이 모인 5번 애비뉴(5th Avenue), 뮤지컬 극장

뉴욕 맨해튼의 5번 애비뉴는 단순히 숫자로 지어진 이름이지만 명품 숍이 모이면서 명품 거리의 대명사가 되었다(①). 42번 스트리트는 뮤지컬극장과 관련 산업의 집적으로 인해 뮤지컬을 대변하는 이름으로 사용된다. ②는 1933년 상영된 뮤지컬가수의 꿈을 담은 영화 「42번 스트리트(42nd Street)」를 1980년 진짜 뮤지컬로 제작했을 때 발표된 음반의 표지다. (자료: http://broadwaymusicalhome.com/shows/42nd.htm). 한국 음식점, 카페, 숍이 모여 있는 서 32번 스트리트는 그 실상에 걸맞게 'Korea Way(한국타운)'라는 별칭을 갖고 있다(③). 50번가는 이 지역 주교였던 존 오코너의 이름을 딴 거리명을 별칭으로 갖고 있다(④). 뉴욕에는 이밖에도 별칭을 가진 도로명이 늘어나는 추세를 보이고 있다. 숫자만으로 불리는 것은 너무 심심하다고 생각한 것일까? (2014. 5.; 2017. 8.; 2012. 7.)

과 기능이 모인 42번 스트리트(42nd Street), 그리고 한국 음식점, 카페, 소매점 등이 모인 32번 스트리트(32nd Street)가 대표적이다. 이 거리 이름은 각각 명품, 뮤지컬, 한인 타운의 대명사로 사용된다.

계수적 명명은 다른 이름과 결합된 부수적 요소로 사용되기도 한다. 행정구역이 분리되면서, 또는 교량이나 도로 시설이 새로 만들어지면서 숫

〈도표 2-1〉 봉천동, 신림동 이름의 변화

옛 이름	새 이름	옛 이름	새 이름
봉천본동	은천동	신림본동	서원동
봉천9동		신림1동	신원동
봉천1동	보라매동	신림2동	서림동
봉천2동	성현동	신림3동	난곡동
봉천5동		신림13동	
봉천3동	청림동	신림4동	신사동
봉천4동	청룡동	신림5동	신림동
봉천8동		신림6동	삼성동
봉천6동	행운동	신림10동	
봉천7동	낙성대동	신림7동	난향동
봉천10동	중앙동	신림8동	조원동
봉천11동	인헌동	신림9동	대학동
		신림11동	미성동
		신림12동	

2008년, 법정동 봉천동과 신림동에 속한 행정동의 이름은 숫자를 빼고 차별화된 이름을 부여하는 변화를 겪는다. 특이한 것은 원조 신림동은 신림5동의 이름으로 남게 되었지만, 봉천동은 어떤 이름에도 사용되지 않고 사라지게 되었다는 점이다. 구청에서는 봉천동을 어딘가에 행정동의 이름으로 남기고 싶었으나, '봉천'이란 지명에 담긴 낙후와 빈곤의 이미지를 탈피하고자 한 주민들의 강력한 요청으로 인해 성사되지 못했다고 전해진다(≪서울신문≫, 2008. 8. 5.). 1789년 『호구총수』에 등장하는 이름 봉천, 하늘(天)을 받들고(奉) 있는 지세를 따라 붙여졌다는 이름, 문화유산을 품고 있는 이름, 그리고 필자가 청소년과 대학 시절을 보낸 동네의 이름을 친근하게 사용하지 못하게 된 것이 아쉽다.

자가 붙는 경우가 발생한다. 산업화 시대 인구가 급격히 증가했던 서울 관악구의 봉천동은 11동까지 분동이 되었고(봉천본동까지 포함하면 12개 동), 신림동은 이보다 더해 13동까지 나누어졌다(마찬가지로 신림본동 포함 14개 동). 그러나 이들을 관할하는 자치구인 관악구는 2008년 행정동 통폐합과 더불어 이들의 이름을 모두 바꾸었다. 표면적으로는 숫자를 없애 지역의 정체성을 살리려 한 것이었지만, 기존 이름이 갖는 부정적 이미지를 탈피하려는 목적도 함께 있었던 것으로 전해진다. 서울의 제1한강교, 제2한강교, 제3한강교도 1985년에 각각 한강대교, 양화대교, 한남대교로 바뀌었다. 당시 한강종합개발공사를 시행하면서 한강을 건너는 다리가 더 많아질 것에 대비해 고유의 이름을 부여한 결과였다.

송촌, 김촌, 게이조
네이밍에 의한 의도적 장소성 창출

앞서 장소 인식의 네 가지 요소, 즉 위치적 관계, 서술과 느낌의 표현, 따라 하기 또는 동일시, 그리고 숫자를 설정하고, 이들이 지명을 만드는 데 어떻게 작용하는지 각각의 사례를 통해 살펴보았다. 이와 더불어 이 책에서 중요하게 생각하는 또 하나의 관심사는 이렇게 여러 차원의 장소 인식으로 인해 만들어진 지명이 어떻게 장소성을 창출하고 쌓아가느냐는 점이다(24쪽의 〈도표 1-1〉을 보라).

지명은 어떤 과정으로 정립되었든지, 일단 사용하게 되면 그 장소의 특성을 대변하는 역할을 수행한다. 서울의 북촌은 도성 북쪽에 있는 마을로 이름을 부여받았지만, 시간이 지나면서 그 문자적 의미보다는 하나의 고유명사로서 궁궐을 드나드는 관료와 선비가 거주하는 마을이라는 장소성을 내포하게 되었다. 오늘날 북촌은 전통적 형태의 가옥과 골목, 그리고 문화가 있는 곳이라는 이미지가 강하다. 숫자를 사용한 편의성 중심의 지명도 독특한 장소성을 쌓아갈 수 있다는 것은 앞서 논의한 바와 같다.

장소 인식을 통해 지명이 만들어지는 과정을 살펴본 이 장을 마치기 전에 한 가지 언급하고 가야 할 것이 있다. 의도적인 장소성을 창출하기 위해 만들어지는 지명의 경우다. 두 가지 예를 들어보자. 하나는 혈연 중심의 사회에서 나타나는, 동족촌(同族村)에 집단의 정체성을 부여하려는 시도다. 김촌(金村), 이촌(李村), 민촌(閔村), 강촌(姜村)과 같이 우리나라 자연부락에서 많이 나타나는 성씨를 딴 지명이다.

조선시대 회덕현(현재 대전광역시)에 형성된 송촌(宋村)은 은진 송씨의 집성촌이다. 이에 관한 연구(권선정, 2004)에 의하면, 은진 송씨가 이 마을에 온 지 200년이 지난 후에야 송촌이라는 이름이 나타나게 되었다는 점이 흥미롭다. 하나의 가계가 기존에 있던 기득권을 가진 세력을 뛰어넘는 영향력을 갖고 그들이 원했던 정체성, 즉 송씨 마을을 만들기까지 200년의 시간이 필요했다는 것이다. 불어난 자손들은 여러 분파를 만들게 되었고 송촌도 갈라지게 되었다. 그 결과 갈라진 종족은 아랫마을로 가서 '아랫송촌' 또는 '하송촌(下宋村)'을 만들게 되었고 원래 있었던 마을은 '윗송촌' 또는 '상송촌(上宋村)'이 되었다.

또 다른 사례는 창씨개명을 시도했던 일제에 의해 도입된 일본식 지명이다. '명례방(明禮坊)'으로 불렸던 현재 서울의 명동은 일왕의 이름을 딴 '메이지초(明治町)', 충무로는 중심지를 일컫는 일본어 '혼마치(本町)'로 부르게 함으로써, 달라진 지배 집단의 새로운 정체성을 심으려 했던 것이다. 새로운 이름을 붙이지 못한 곳은 한자어 지명을 일본식으로 읽게 함으로써 엉뚱한 이름을 만들어 냈다. 경성(京城)은 '게이조', 인천(仁川)은 '진센', 수원(水原)은 '수이겐'으로 읽게 하면서 경성, 인천, 수원이 갖고 있던 원래의 장소성을 소멸시키고 게이조, 진센, 수이겐의 새로운 일본식 정체성을 불어넣기를 원했다고 해석된다.

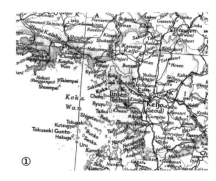

독일의 지리학자 라우텐자흐(Lautensach)가 1930년대 제작한 한반도 지도에는 경성, 인천, 수원이 일본식 발음을 로마자로 표기한 Keijo, Jinsen, Suigen으로 표기되어 있다(①). 이것은 새로운 형태의 이름을 통해 새로운 정체성을 만들려고 했던 시도라고 해석된다. 일제 강점기를 배경으로 한 영화에는 이러한 표기가 종종 등장한다. 영화 <암살>에서 임무를 띠고 경성에 도착한 대원들 뒤로 KEIZYO라는 표기가 보인다(②, ③). (자료: 라우텐자흐, 1942: 별첨지도; 영화 <암살>, 2015)

03 지명에도 생애가 있다 ➡

벌말에서 평촌으로, 다시 평촌(한림대성심병원)으로

1980년대 말 주택 200만 호 공급을 위해 건설된 수도권 5대 신도시 중 하나인 평촌신도시는 북쪽의 관악산과 남쪽의 모락산 사이에 위치한 평야에 자리 잡았다. 그 이름은 이곳을 부르던 '허허벌판'이라는 뜻의 순우리말 '벌말'을 한자로 표기해 붙였다. 평촌(坪村)이라는 이름은 전국 각지에서 발견되는데, 이것은 산악이 많은 우리나라에서 농사짓고 마을 만들기 좋은 벌판, 즉 좋은 땅임을 자랑스럽게 나타내려 한 동기가 작용한 결과가 아닌가 생각한다. 국토지리정보원이 제공하는 지명 데이터베이스에는 107개의 평촌(동, 리 포함)이 수록되어 있다.

평촌신도시는 서울지하철 4호선(과천선)으로 연결되는데, 신도시에는 평촌과 범계, 두 개의 역이 있다. 1993년 1월, 지하철 개통 당시 평촌역의

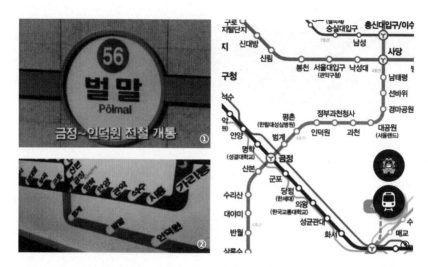

평촌신도시에 있는 두 개의 전철역 중 하나인 평촌역은 1993년 1월 개통 당시 이 지역을 부르던 마을이름을 따서 벌말역이라 불렸다(①, ②). 당시 평촌역도 후보에 올랐으나 경전선에 평촌역이 이미 있었으므로 역명의 중복을 피하기 위해 제외했다고 한다. 지금은 인근 대학병원의 이름이 괄호에 부기되어 사용된다(③). (자료: <MBC 뉴스>, 1993. 1. 15.; 지하철앱, 2017. 5. 31.)

이름은 벌말역이었다. 신도시가 들어서기 전의 마을 이름 벌말에 착안한 이름이었다. 그러나 1996년 12월, 그 이름은 평촌역으로 바뀌게 된다. 여기에는 신도시의 중심지라는 위상과 대표성을 부여받고자 한 주민들의 요구가 있었던 것으로 알려졌다.* 그 이름은 2007년 7월, 역 인근에 들어와 있던 대학병원의 이름을 괄호에 넣어 표기하는 것으로 다시 한 번 변화를 겪었다. 이름을 부기함으로써 홍보 효과를 올리고자 한 시설 이용자의 욕구와 사용료를 징수함으로써 수익성을 올리고자 한 시설 공급자의 필요가 일치한 결과였다.

---

* 벌말역을 평촌역으로 바꾸는 것에 대한 비판 의견도 있었다(≪한겨레≫, 1996년 11월 21일 자, 독자의 눈, "우리말 '벌말'역 평촌변경 한심" 참조).

평촌역의 사례에서 보듯이 지명은 생성과 사용, 그리고 변화의 과정을 거친다. 어떤 지명은 소멸되기도 한다. 기존에 있었던 마을 이름 벌말은 역 이름으로 그 생명을 이어갔지만 이내 다른 이름으로 대체되었고, 이제는 인근 초등학교의 이름으로 남아 있을 뿐 거의 사용되지 않는 지명으로 소멸의 과정을 거치고 있다. 이와 같이 지명에도 생애가 있으니, 생존력이 강한 것과 그렇지 않은 것을 발견할 수 있는 것이다.

이사부해산, 쇼와신잔, 동백대교
지형물의 발견 또는 탄생과 이름 짓기

지명은 이름을 붙이는 대상과 운명을 함께 한다. 지구 위에 있는 자연 지형물은 모두 이름을 갖고 있다고 생각할지 모르지만 아직도 새롭게 이름을 부여할 대상이 발견된다. 산의 일부를 봉우리, 고개, 계곡, 능선과 같은 세부 유형으로 이름 붙이기도 하며, 반대로 봉우리 이름만 있던 곳을 통칭하는 산의 이름을 부여하기도 한다. 전라남도 완도군에 있는 다섯 개의 봉우리를 아우르는 지형물을 상왕산(象王山)으로 지정한 국가지명위원회의 결정(2017.6)이 후자에 해당한다. 이렇게 새로운 지명 제정의 대상에 정해진 원칙과 절차에 의해 새로운 지명을 부여 또는 변경하는 것을 지명의 표준화라고 한다(이에 대해서는 제5장에서 상세히 다룬다). 지구뿐만 아니라 외계에 있는 지형물에 대한 이름도 부여하는데, 이를 외계 지명(extra-terrestrial name)이라 한다.

아직도 활발하게 과학적 탐사를 통해 새롭게 발견하고 이름을 부여하는 중요한 대상은 바닷속 지형물이다. 전 세계 바닷속이 어떻게 생겼는지

지명 제정의 대상과 지명 관련 용어

지명을 붙이는 대상은 지형물(영어로는 geographical feature)이다. 따라서 어떤 지명까지 지명 연구의 관심사로 포함할 것인지는 대상이 되는 지형물을 어떻게 선별할 것인지에 따라 달라진다. 일반적으로는 시 군 동 면 등의 행정단위, 산 강계곡 섬 등의 자연 지형물, 문화유적 교통시설 등의 인공 지형물이 포함되며 각각의 이름을 행정 지명, 자연 지명, 인공 지명으로 분류한다. 그러나 각국의 지명관리체계에 따라 이 분류는 달라지는데, 우리나라의 경우 해양 지명을 자연 지명에서 분리하여 별도의 유형으로 분류하고 관리한다.

우리말에서는 지형물에 상관없이 '지명(地名)'이라는 용어를 사용하지만 로마자 언어권에서는 대상에 따라 다른 용어를 사용한다. 지구 위에 존재하는 지형물에 붙이는 이름은 'geographical name', 지구가 아닌 외계에 존재하는 지형물에 대한 이름은 'extraterrestrial name'이라 하고, 이 둘을 통틀어 'toponym'이라 한다(유엔지명전문가그룹이 발간한 용어집에 의함). Toponym은 '장소'라는 뜻의 그리스어 'τόπος(topos)'와 '이름'이라는 뜻의 'όνομα(onoma)'가 결합된 말로서 '장소의 이름'이라는 뜻이 된다. 이는 영어의 'place name'이 지명 또는 장소명을 일컫는 일반 용어로 사용되는 것과 맥락을 같이 한다. Geographical name 중에서 바다나 호수 등 수역의 이름을 'hydronym'이라는 별도의 용어로 통칭하기도 한다.

확인하고 이를 도면으로 표현하는 것은 항해 안전을 위해 필수적인 일이었고, 이를 위해 바닷속에 있는 산, 계곡, 분지 등에 고유의 이름을 부여해 소통을 위한 도구로 활용해 왔다. 영해 안에 있는 지형물은 각국의 권한으로 이름을 제정하지만 이를 벗어난 공해에 있는 지형물의 이름은 전문 국제기구가 관리한다.*

---

* 국제수로기구(International Hydrographic Organization: IHO)와 정부간해양학위원회(Inter-governmental Oceanograhic Commission: IOC)가 공동으로 운영하는 해저지명소위원회 (Sub-Committee on Undersea Feature Names: SCUFN)가 그것이다(제5장 참조).

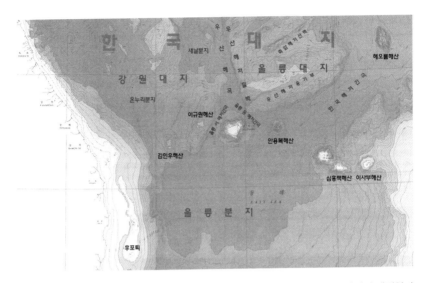

우리나라는 뒤늦게 해저 지명 제정에 뛰어들었지만, 2000년대 초 이래 동해뿐 아니라 태평양과 남극해에 이르기까지 조사활동을 진행했고 2021년까지 61개의 지명을 등재하여 국제적으로 통용시키고 있다. 그러나 동해에 제정한 울릉분지는 쓰시마분지, 이사부해산은 순요퇴라는 일본식 이름으로 이미 등재되어 있어 국제적으로 인정받지 못하고 있다. 독도를 정벌한 신라의 이사부 장군은 이를 어떻게 생각할까? (자료: 국립해양조사원, 「동해중부 해저지형도」)

우리나라는 최근에야 해저 지명 제정에 관심을 갖게 되었고, 2007년 최초로 동해에 있는 10개 해저 지형에 대한 이름을 이 기구에 등록하여 국제적으로 통용시키는 데 성공했다. 이후 우리나라의 해저 지명 제안은 태평양과 남극 해역까지 확대되었고, 그 결과 2021년까지 한국의 인물, 역사 유산, 모양 묘사 등을 담은 총 61개의 지명이 채택되어 사용되고 있다. 그러나 아직도 동해 해저 지형에 제정한 지명 중 네 개는 국내에서만 사용될 뿐 국제적으로는 인정받지 못하고 있다. 두 개(울릉분지, 이사부해산)는 이미 일본식 이름(쓰시마분지, 순요퇴)으로 등록되어 있기 때문이고, 두 개(한국해저간극, 해오름해산)는 일본이 주장하는 배타적 경제수역에 걸쳐 있어 등재를 미루고 있기 때문이다.

아주 드문 경우지만 지질 활동의 결과로 만들어진 새로운 지형물에 이름을 붙일 필요가 생기기도 한다. 화산 활동에 의해 솟아오른 산, 지진 활동으로 생긴 호수와 계곡 등이 이에 해당한다. 일본 홋카이도에는 1940년대에 2년에 걸친 화산 활동의 결과로 산이 솟아올랐는데, 당시 일본의 연호를 붙이고 새롭게 생겼다는 뜻을 더해 쇼와신잔(昭和新山)이라는 이름을 부여했다. 이와는 조금 다른 경우지만 지구온난화로 인한 빙산의 감소는 항해 관계자들의 오랜 염원이었던 북극항로의 개설을 공고하게 하면서 항로 이름(북동 항로, Northeast Passage; 북서 항로, Northwest Passage; 북극해 항로, Northern Sea Route)을 보다 뚜렷하게 지도에 표기하는 것을 가능하게 해주고 있다.

새롭게 탄생하는 지명의 대다수는 인공 지형물 또는 행정단위에 붙이

쇼와신잔은 일본 홋카이도 시코쓰토야(支笏洞爺) 국립공원 안에 있는 산이다(①). 1943년 12월 28일부터 1945년 9월 20일까지 있었던 화산활동은 이 지역의 우체국장 미마쓰 마사오(三松正夫)의 관찰기록에 의해 생생히 전해지고 있다. 여전히 산을 관찰하고 있는 그의 동상 밑에는 "보리밭에서 산이 생겨나다(麥圃生山)"라 새겨져 있다(②). 아직도 화산 연기를 뿜고 있는 이곳은 1957년 특별천연기념물로 지정되었다(③). (2014. 2.)

는 이름이다. 새롭게 건설되는 교량, 터널, 도로 및 도로 시설(진출입로, 교차로, 톨게이트 등), 공원, 그리고 신도시 건설로 새롭게 등장한 행정단위 등이 이에 해당한다. 서해안과 남해안의 육지와 섬, 섬과 섬을 연결하는 연륙교, 연도교의 건설은 빈번한 지명 제정의 필요를 가져왔으나, 지방자치단체를 연결하는 속성으로 인해 때로는 그 이름을 둘러싼 지역 간 갈등을 유발하기도 했다(제5장, 제9장 참조). 그러나 지방자치단체 간에 원만한 합의로 이름을 정한 동백대교(충남 서천군과 전북 군산시), 이순신대교(전남 여수시와 광양시) 등은 모범 사례로 꼽힌다. 행정중심복합도시 세종시의 마을 이름은 '세종'이라는 이름에 걸맞게 순수 우리말에서 채택했다(해들마을, 새샘마을, 첫마을, 빗돌마을 등).

두모, 도마, 두무, 두문, 두만, 동막
지명 탄생의 비밀

우리나라 농·산·어촌을 관찰해 보면 두모, 도마, 두무, 두문, 두만, 동막 등의 지명이 다수 나타나는 것을 볼 수 있다. 이들의 공통점은 ㄷ과 ㅁ을 각 음절의 초성으로 갖고 있다는 것이다. 이들 지명의 탄생 비밀은 무엇일까? 일련의 재미있는 연구(나유진, 2012; 남영우, 1997)가 이 현상의 이해를 돕는다.

몽골어, 일본어, 한국어 어원의 비교 분석에 근거한 연구자의 해석에 따르면 ㄷ[t]은 '따뜻하다' 또는 '땅'과 관련된 의미를 제공하며 ㅁ[m]은 '물이 맑다' 또는 '물이 마르다'라는 의미를 전달한다. 따라서 이 두 음운은 '물이 있는 따뜻한 땅'이라는 뜻을 만들며 이는 곧 인간 거주 공간으로 적합한 땅을 가리킨다. 이들 지명의 원조라 할 수 있는 '두모'는 어원적으로 '둥글다'는 의미 또는 '산'을 뜻하는 고어 '돔'과도 연결된 것으로 본다. 이를 종합하면 '두모'는 산으로 둘러싸이고 물이 풍부하며 둥근 것에서 얻을 수 있는 완전하고 편안한 느낌을 모두 보유하고 있다. 두모는 음운변화를 거쳐 도마, 두무, 두만, 두문, 동막 등이 되었다.

실제로 ㄷ과 ㅁ의 요소가 들어간 220개 마을 이름을 분석한 결과, 연구자는 이들 마을이 평야보다는 완만한 산지에서, 마을이 확대되면서 지명이 확산된 경우 많이 나타남을 발견했다. 마을의 위치와 방위를 중심으로 보면, 공통적으로 크고 작은 산을 배후에 두고 하천 가까이에 위치한 남향

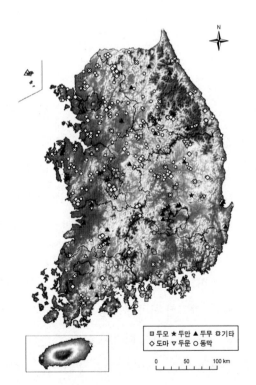

우리나라에는 두모, 도마, 두무, 두문, 두만, 동막과 같이 ㄷ과 ㅁ이 들어간 지명이 많이 나타난다. 이 이름을 가진 220개 마을의 위치를 보면 강원도 산간지역에 많이 있지만, 경기, 충남·북, 경북, 전남·북 등 전국에 걸쳐 분포함을 알 수 있다. 그러나 지명에 따라 다른 패턴을 보이는데, 예를 들어 '동막'은 경기, 강원, 충청, 경북 등 중부지방에, '두무'는 강원도의 양구군과 인제군에, '두모'는 남부 해안지역에 다수 위치하고 있다. 한 영화의 대상지였던 동막골은 '물이 있는 따뜻한 땅'의 모형으로 이미지 메이킹 해도 무방할 듯싶다. (자료: 나유진, 2012: 889)

□ 두모 ★ 두만 ▲ 두무 ☯기타
◇ 도마 ▽ 두문 ○ 동막

0   50   100 km

과 동향의 특징을 갖고 있었다. 이는 물이 있는 따뜻한 땅의 입지조건을 제공해 주는 곳으로서 당초의 가설이 틀리지 않음을 보여주는 것이다.

이와 같이 지명의 탄생에는 자연환경에 대한 인간의 인식이 묻어나게 된다. 필연적으로 살기 좋은 땅을 추구하는 인간은 그 염원을 지명에 담으면서 유사한 이름을 만들어낸 것이다. 때로는 불리한 자연환경을 개조하려는 의지를 담기도 한다. 지명의 어원을 분석하면서 문화의 전파 과정을 추적하기도 하고 그 지역의 지리적 특성에 대한 이해를 높일 수도 있다.

'언덕을 올라가서 산을 내려온 잉글랜드 사람'
속성 지명에 나타난 인간의 장소 인식

언덕을 올라가서 산을 내려온 잉글랜드 사람이 있다. 1995년 만들어진 영화 〈잉글리쉬맨(The Englishman who went up a hill but came down a mountain)〉 이야기다. 이 영화는 시나리오를 쓰고 감독한 크리스토퍼 몽거(Christopher Monger)가 그의 할아버지로부터 들은 고향 이야기에 바탕을 둔 것으로 알려져 있다.

배경은 1917년 영국 웨일스에 있는 가상의 작은 마을, 이 마을을 대표하는 상징적인 산 피농가루(Ffynnon Garw: 웨일스어로 '거친 샘'이라는 뜻)의 높이를 재기 위해 지도 측량사 둘이 찾아온다. 마을 사람들은 이 산의 높이에 내기를 걸며 깊은 관심을 보인다. 그러나 낯선 잉글랜드 사람이 측량한 결과는 984피트로 산(mountain)이 되기 위한 기준 1000피트에서 16피트가 모자라 언덕(hill)의 위상을 받을 수밖에 없다.

영화 <잉글리쉬맨>에서는 주민들이 소중히 여기는 지형물을 어떤 유형으로 분류하여 이름 붙이는지도 매우 중요한 요소임을 엿볼 수 있다. 구글맵에는 영화에서 산이 된 '피농가루(Ffynnon Garw)'가 여전히 '언덕(Garth Hill)'으로 표기되어 있다(자료: IMDb).

　　마을의 수호신과 같은 산이 언덕으로밖에 기록될 수 없다는 사실을 알게 된 마을 주민들은 회의를 열어 흙을 쌓아 산의 높이를 늘리기로 결정한다. 일을 끝내고 마을을 떠나려는 이들에게 마을사람들은 갖은 수단을 다 써서 출발을 막는다. 심지어 미인계를 쓰기도 하는데, 영화적 상상력은 이 여인과 주인공 측량사를 서로에 대한 호감으로 묶어 놓는다. 그 사이 수백 명의 주민들은 모든 일을 제쳐놓고 줄지어 흙을 나르는 기이한 광경을 연출한다.

　　목표치에 다다른 순간 내린 폭우는 이들의 일을 무산시킨다. 폭우가 그친 일요일, 교회에 모인 이들은 다시 시작하기로 결정하지만 마을의 지도자인 목사는 과로로 숨을 거두기에 이른다. 목사의 유언대로 그를 산꼭대기에 묻고 흙을 다 쌓은 날, 측량사는 여인과 그곳에서 밤을 지새우고 이 산이 1000피트가 넘었다는 소식과 함께 산을 내려온다. 두 사람의 사랑도 결실을 맺는 순간이다.

　　지명의 유형을 나타내는 부분 역시 지명이 만들어지는 데에 중요한 역할을 한다. 이를 속성 지명(generic term) 또는 지명의 속성 요소라 한다. 속성 지명이 아닌 부분은 고유 지명(specific term) 또는 지명의 고유 요소가 된다. 예를 들어 '설악산'에서 '설악'은 고유 지명, '산'은 속성 지명이 된다. 파생 지명이 만들어진 경우, 고유 지명과 속성 지명이 결합되어 고유 지명이 되기도 한다. '한강'에서 '한'은 고유 지명, '강'은 속성 지명이지만, '한강대교'가 되면 '한강'이 고유 지명, '대교'가 속성 지명이다. 한자 문화권의 지명에서는 유형을 나타내는 부분이 항상 뒤에 오기 때문에 고유 지명을 '전부 요소', 속성 지명을 '후부 요소'라 부르는 것에 어떤 문제도 없다. 그러나 로마자 언어권에는 유형 부분이 앞에 올 수도 있기 때문에 이 용어를 사용하는 것은 적절하지 않다. 미국 워싱턴주의 레이니어산은 Mount Rainier, 미국 남부와 멕시코를 흐르는 그란데강은 Rio Grande 로 표기한다.

어떤 속성 지명을 사용할 것인지는 명백한 것이 보통이다. 산은 '산'이며 강은 '강'이고 다리는 '교'이다. 그러나 어떤 산은 '봉(峰)' 또는 '암(岩)'으로 불리고 커다란 강이 '천(川)'이란 이름을 갖기도 한다. 다리를 지으면 '교'보다는 '대교(大橋)'를 더 선호한다. 앞의 영화에서 보듯 지명을 관리하는 기관에서 속성 지명에 관한 기준을 지정한 경우도 있다. 그러나 수백 년 동안 산으로 불러온 것을 언덕으로 부르라고 하는 것은 지나친 요구다. 남산의 고도가 산의 기준에 못 미친다고 해서 '남언덕' 또는 '남구(南丘)'라 부를 수는 없는 것이다. 이와 같이 지명에 담긴 전통과 유산은 과학적, 기술적 기준을 뛰어 넘는 가치 있는 존재다.

마지막으로 지명의 속성 요소 역시 인간의 인식을 반영한 것임을 기억할 필요가 있다. 일반적으로 활발한 생활터전은 상세한 속성 지명을 제공한다. 우리 지명의 '만(灣)'은 로마자 언어권에서 gulf, bay, bight, '해협'은 strait, channel, pass, passage, sound 등으로 다양하게 표기된다. 수역에 대한 의미와 인식을 차별화하여 표현하기 위한 도구가 필요했음을 암시하는 대목이다. 반면에 그 자체로 명확하며 중요성을 갖는 대상, 예를 들어 국가, 도시, 지역의 이름은 국(國), 시(市), 도(道)와 같은 속성 지명을 생략하고 사용할 경우가 많다. 로마자 언어식 표현으로서 대표성을 나타내는 의미로 정관사로 속성 지명을 대체하기도 한다. 에베레스트산을 The Everest, 태평양을 The Pacific, 나일강을 The Nile로 표현하는 관례가 그것이다.

거문들, 거문돌에서 흑석으로, PIFF에서 BIFF로

지명의 언어적 변화

지명은 변화한다. 인간의 거주 공간이 확대되면서 지명 제정의 대상이 되는 지형물의 속성이 바뀌기도 하고 그 지형물에 대한 인식도 달라질 수 있기 때문이다. 지명을 부여하는 세력이 바뀜에 따라 지명도 순차적으로 변화할 수 있다. 같은 지명이라도 지칭의 대상이 커질 수도 있고 작아질 수도 있다.

지명의 변화에서 우선 주목하는 것은 언어적 변천이다. 지명은 언어적 표현이기 때문에 언어 사용의 관례가 바뀌면 지명도 변화할 수 있다. 고어의 요소가 포함된 지명을 연구함으로써 옛말의 소리, 형태, 뜻이 어떻게 변천되어왔는지를 규명하고 순우리말 복원에 기여할 수 있다.

우리나라 지명에서 자주 볼 수 있는 언어적 변화는 순수 한글과 한자어의 상호 치환이다. 대전 서구에 있는 흑석동(黑石洞)의 '흑석'은 '검은 돌'을 한자어로 바꾼 것이다. 이 이름은 '거믄들'에서 온 것으로 추정된다. 이곳에 옥녀탄금형(玉女彈琴形: '옥같이 깨끗한 여자가 거문고를 타는 형국'이라는 뜻으로 산의 모양을 일컫는 풍수지리의 용어)의 명당이 있어 '금평(琴坪)'이라 불렀다는 기록이 있기 때문이다. 추적하자면 '금평'이 '거문들'이 되었고 다시 '거믄들'이 된 후 '거믄돌(검은 돌)'로 바뀌어 '흑석(과거는 리, 현재는 동)'이 된 것이다. 현재 '거믄들'은 마을 이름으로 남아 있다.

마찬가지로 경기도 양주에 있던 '광석(廣石)'이라는 지명은 '너븐돌(넓은 돌)'을 한자어로 바꾼 것인데, 이것은 '너븐들(넓은 들)'이 변형된 것으로 보고 있다. '광석면'은 18세기 중엽에 편찬된 『여지도서(輿地圖書)』에서부터 등장하는 오랜 지명이었으나, 1914년 일제의 행정구역 개편에 따라 석적면과 통합되어 현재는 광적면이 되었다. 순우리말 지명의 한자어 대체는 지금도 일어나고 있으니, 이 장의 도입에서 소개했던 벌말, 평촌 사례와 같다.

단순히 음을 표기하기 위한 한자어 차용도 빈번히 발견된다. 경기도 안산의 지명 '고잔(古棧)'은 강을 끼고 있는 '곶 안'에 위치한 특성으로 이름이 붙여져 한자어로 바뀐 것이다. 충남 논산 강청리(江淸里)의 '강청'은 '간천'을 한자어로 표기한 것인데, 이것은 마른 시내라는 뜻의 '건천(乾川)'이 변형된 것이다. '마른 시내'가 '맑은 강'이 된 반전이 흥미롭다.

지명의 언어적 변천은 로마자 언어권에서도 발견된다. 런던을 건설한 로마인들은 이 도시를 'Londinium'이라 불렀다. 이 이름이 현재의 London으로 정착된 데에는 두 가지 언어적 변화의 가능성이 논의된다. 그 하나는 옛 켈트어 형태인 'Londonion'으로 된 후 London이 되었다는 것이고, 다른 하나는 영국식 라틴어의 발음인 'Lundeiniu' 또는 'Lundein'을 거쳐 London이 되었다는 것이다. 미국의 47번째 주가 된 뉴멕시코주에서 가장 큰 도시 알버커키(Albuquerque)는 그 이름을 스페인 식민지 시절 멕시코 지역의 총독이었던 알부르케르케(Alburquerque)에서 가져왔고, 그는 같은 이름의 스페인 마을에서 백작 명칭을 따왔다. 미국으로 오면서 'r'이 탈락한 것에 대해서는, 이미 이렇게 변형된 이름을 사용하고 있던 당시 유명한 장군 알폰소 알버커키의 영향을 받았다는 설과 단순히 발음이 어려워 탈락시켰다는 설이 있다.

로마자 표기법이 바뀌면 지명도 바뀌게 된다. 우리나라는 2000년 7월, 현재 사용하고 있는 로마자 표기법을 채택하면서 많은 지명의 로마자 표

국어의 로마자 표기법 변경에 따라 부산이 Pusan에서 Busan으로 바뀐 것은 2000년 7월이었으나, 부산국제영화제는 한동안 Pusan을 고집해 그 약칭은 PIFF(Pusan International Film Festival)였다. 그러나 'Busan에서 개최되는 Pusan 국제영화제'의 혼동을 피하기 위해 2011년부터는 Busan으로 바꾸었다. PIFF가 BIFF가 된 것이다. 영화제 포스터에서 그 변화를 볼 수 있다. (자료: 부산국제영화제 홈페이지 www.biff.kr)

기가 동반해 바뀌는 경험을 하게 되었다. 부산은 Pusan에서 Busan으로, 대구는 Taegu에서 Daegu로, 경주는 Kyŏngju에서 Gyeongju로 바뀌게 된 것이다. 이러한 변화는 많은 비용, 불편함, 혼동을 야기하는 결과를 가져 왔다. 아직도 Kyŏngju 또는 Kyungju라고 표기된 관광 가이드북을 들고 경주를 찾아 다니는 외국인들을 심심치 않게 볼 수 있다. 로마자 표기법을 포함한 지명의 언어 간 전환에 대해서는 별도의 장에서 다룬다(제6장, 제12장 참조).

서초리, 서초동, 서초구
지명의 스케일 업, 스케일 다운

서울특별시사편찬위원회에서 발간한 『서울지명사전』에 의하면 서울 서초동의 이름은 서리풀(벼)의 한자어 '서초(瑞草)'에서 유래했다. 그러나 '서리풀'의 유래에 대해서는 두 가지 설을 말하고 있는데, 하나는 의미 그 대로 서리풀이 많았다는 것이고, 또 하나는 우면산 여러 골짜기 물이 이리 저리 서리어 흐르는 벌판이라 해서 서릿벌이 되었고 이것이 음운변화하여 서리펴리, 서리풀이 되었다는 것이다. 어떤 유래가 맞는지는 모르지만 한 자어로 바뀌면서 '상서로운 풀'의 의미를 부여받게 되었고, 현재 서초구는 이 의미를 '서리풀'에 담아 장소 마케팅에 적극 활용하고 있다.

'서초'라는 지명은 조선시대 말까지 경기도 과천군에 속한 작은 마을을 일컫는 이름(서초리)이었다. 1914년 경기도 구획 획정 때 인근 마을과 합 쳐지면서 조금 넓어진 마을을 위한 이름(시흥군 신동면 서초리)이 되었다. 이후 서울의 강남 개발은 그 행정구역을 서울특별시 영등포구 서초동

(1963), 강남구 서초동(1975)으로 바꾸었다. 1988년 '서초'는 강남구에서 분리된 구(서울특별시 서초구)의 이름으로 채택되면서 그 위상에 큰 변화를 겪게 된다. 조그만 마을의 이름에서 인구 41만 명(2022년 기준)에 이르는, 한국에서 가장 부유한 자치구 중 하나의 이름이 된 것이다. 이렇게 지명이 지칭하는 대상이 변화하는 것도 지명 변화의 중요한 요소로 간주된다. 서초리에서 서초구가 된 것과 같이 지명 지칭의 대상이 넓어진 것을 지명의 스케일 상승 또는 스케일 업(up)이라 한다. 한밭리가 대전군, 대전시, 대전광역시가 된 것은 한자어 사용과 스케일 업이 결합된 사례다.

반대로 지명의 스케일 하강 또는 스케일 다운(down)의 경우도 있다. 현재 경기도 안성군의 면 이름으로 사용되고 있는 '죽산(竹山)'은 조선 태종 이래 사용되던 지명으로, 초기에는 전국 330여 개 군현 중 하나의 이름이었다. 1543년(중종 38년) 죽산부(竹山府)로 승격되어 보다 넓은 영역을 일컫는 이름이 되었고 1895년(고종 32년) 죽산군으로 바뀌었다. 이름의 운명을

'서초'는 작은 마을에서 서울의 자치구 이름으로 스케일 업(up)한 사례다. 한자어 '서초(瑞草)'의 원천이 되었던 우리말 '서리풀'은 '상서로운 풀'이라는 의미와 함께 친근한 도시공원의 이름으로 다가온다(①, ②). '서리풀'은 이 지역의 장소 마케팅에 빈번히 사용되고 있다. 2019년을 마지막으로 중단된 서리풀 페스티벌이 다시 부활하기를 기대한다(③). (자료: 2018. 3.; 서초문화재단 홈페이지)

바꾼 것은 1914년 일제의 행정구역 통합이었다. 안성, 죽산, 양성 3개 군을 통합해 안성군이 되면서 '죽산'이라는 이름은 사라지게 된 것이다. 그러나 80년 가까이 지난 1992년, 이 이름은 안성군 이죽면을 대체하는 이름으로, 즉 죽산면으로 부활한다. 부(府)의 이름에서 면(面)의 이름으로 스케일 다운되었지만 문화유산으로서 지명의 생존력을 보여주는 사례라 하겠다.

남부여(南扶餘)는 백제 성왕 16년(538년), 웅진에서 사비로 도읍을 옮기면서 새로 도입한 국호로서 백제의 전성기를 나타내는 이름이었다. 그러나 백제 멸망 이후 이 이름도 함께 사라졌다. 그러다가 다시 부활한 것은 고려 예종 때 청주목에 속한 군의 이름, 즉 부여군으로 사용되면서부터다. 나라 이름으로부터 스케일 다운되었지만 여전히 백제 문화의 중심지라는 정체성을 그 이름에 담고 있다. 한때 서부·중부 유럽과 영국, 북아프리카, 소아시아와 중동까지 차지하고 있던 제국의 이름 로마(Imperium Romanum 또는 Roman Empire)는 현재 도시의 이름으로 하강되었지만, 로마 문명의 중심지로서 여전히 수많은 관광객을 끌어들이고 있다.

없어지는 지명도 있다

충무김밥의 유래를 제공했던 충무, 곁길로 샌다는 비유에서 종종 사용되었던 삼천포, 그리고 필자가 어렸을 때 방학마다 놀러 갔던 외삼촌 집이 있던 곳 이리, 이들은 이제 더 이상 지도에서 찾아볼 수 없다. 1995년 전국적인 행정구역 개편 과정에서 각각 주변을 둘러싼 군(郡)이었던 통영, 사천, 익산에 통합시의 이름을 내주었기 때문이다. 그 당시 통합시의 이름으로

<도표 3-1> 1995년 행정구역 개편(시·군 통합)으로 소멸된 지명*

주변 군 이름 채택	중심 시 이름 채택
경기 미금시 + 남양주군 = 남양주시	충북 충주시 + 중원군 = 충주시
경남 충무시 + 통영군 = 통영시	경북 김천시 + 금릉군 = 김천시
경남 삼천포시 + 사천군 = 사천시	경남 진주시 + 진양군 = 진주시
전북 이리시 + 익산군 = 익산시	

* 음영 표시된 것이 소멸된 지명임

선택받지 못한 지명은 아직도 작은 행정단위인 동이나 읍의 이름으로 사용되는 경우가 있으나 이 지명들은 이 경우에도 속하지 못했다. 소멸된 지명으로서 역사 속에 남게 된 행정구역 통합의 피해자다. 이렇게 사라진 지명으로는 미금시, 중원군, 금릉군, 진양군 등이 더 있다. 이들은 각각 남양주시, 충주시, 김천시, 진주시에 통합시의 이름을 내주었다. 통합시 명칭 결정에는 상당한 정치적 과정이 작용했다(제9장 참조).

자연환경의 변화는 새로운 지형물을 만들어내어 새로운 지명의 탄생을 가져오기도 하지만, 반대로 지형물을 없앰으로써 지명을 소멸시킬 가능성도 있다. 지구온난화, 폭우, 가뭄, 태풍, 지진 등의 기후변화로 인한 지형물의 변화와 해수면 상승은 그 중요한 요소다. 해수면 아래로 잠길 가능성이 예고된 남태평양의 투발루섬(Tuvalu Island)과 이곳에 속한 지명들은 소멸의 위기에 처해 있다. 중국 타클라마칸 사막의 확대는 그곳의 마을 주민을 떠나게 함으로써 그 이름도 함께 사라지게 하고 있다. 방글라데시 삼각주에 해수면이 1.5m 상승하면 2만 2000km²의 면적에 영향을 미치고 1800

만 명의 거주민이 터전을 잃을 수 있다는 분석*은 다양한 지명의 소멸도 예고하고 있다.

지명 변화의 다양성
지명의 병기, 수식어의 추가, 파워 게임의 개입

지명의 변화는 매우 다양한 형태로 나타난다. 하나의 지명에 다른 지명을 병기하거나 수식어를 추가하는 것도 그중의 하나다. 지명 병기는 여러 다른 정체성을 가진 이름을 수용하는 방법으로 사용된다. 세계 주요 지도책이 동해 수역에 대해 각 언어의 'Sea of Japan' 단독 표기에서 'East Sea'를 병기하는 것으로 정책을 바꾸는 것이 바로 이 경우다. 다언어지역에서 원주민 지명을 포함한 각 언어의 지명을 병기하도록 표기 관행을 바꾸는 것은, 소통을 편리하게 만들기 위한 언어적 수단일 뿐 아니라 각 언어의 지명에 녹아 있는 정체성을 존중하려는 인식의 결과라 할 수 있다. 지명 병기에는 상업적 동기가 작용하기도 하는데, 앞선 평촌역 사례에서 보았듯이 지하철역 이름에 인근의 대학, 병원, 공연장, 전시장 등 대형 시설의 이름을 병기 또는 부기하는 것이 대표적인 경우다(제11장 참조).

수식어를 붙이는 지명 변화의 사례는 국가명에서 발견된다. 1991년 유고슬라비아연방이 분리되면서 탄생한 독립국가 마케도니아공화국 (Republic of Macedonia)은 마케도니아 이름의 정통성을 주장하는 그리스의 반발에 의해 유엔의 중재로 '구 유고슬라브(The former Yugoslav)'라는 긴

---

* GRID-Arendal, Vital Water Graphics 2, (www.grida.no/resources/5648, 2009).

수식어를 붙일 수밖에 없었고, 이는 엉뚱한 약어 국가명 'FYROM(The former Yugoslav Republic of Macedonia)'을 탄생시켰다. 이 이름은 2019년 양국의 합의로 다시 북마케도니아공화국(Republic of North Macedonia)으로 변경되었다(제8장 참조).

그러나 지명 변화는 한 지명이 다른 지명을 대체하는 형태가 다수를 차지한다. 새로운 인식과 동일시의 과정을 통해 등장하는 새로운 지명, 새로운 주체, 이념, 권력관계를 재현하는 지명에 더 큰 무게가 실린다. 지명의 대체는 필연적으로 소멸하는 지명을 낳게 되며, 여기에는 어떤 형태로든 정치적 과정이 개입할 수밖에 없다. 지명의 병기와 수식어의 추가 역시 정치적 결정과 무관하지 않다. 지명의 채택과 사용에 관여하는 권력의 문제와 정치적 결정은 별도의 장에서 다룰 것이지만 여기서는 미국 북서부의 도시 레드먼드의 사례를 들고 마치고자 한다.

세계적인 정보통신기업 마이크로소프트가 있는 레드먼드는 미국 북서부 시애틀 대도시권에 속한 인구 7만 3000명(2020년 기준)의 도시다. 1870년대에 유럽에서 온 초기 정착자들은 많은 연어를 보고 이곳을 연어의 도시 '새먼버그(Salmonberg)'라고 불렀다. 1881년 우체국이 세워지면서 그 이름은 초기 정착자 페리고(Warren Perrigo)가 운영하고 있던 여관(Melrose House)의 이름을 따서 '멜로즈(Melrose)'로 바뀌게 된다. 도시 기능이 거의 없던 한적한 시골에서 랜드마크로 떠오른 숙박 건물의 이름을 따서 마을 이름을 정한 것은 매우 합리적인 절차였으나, 그보다 한 해 앞서 이곳에 정착한 맥레드먼드(Luke McRedmond)는 이 이름이 매우 못마땅했다.

맥레드먼드는 1882년 마을의 우체국장으로 임명되면서 자신의 이름을 따서 우체국의 이름을 레드먼드로 바꾸었다. 6년 후 그는 지역 철도기지

The Redmond Campus
Microsoft's world headquarters are located on its corporate campus here in Redmond, Washington, USA.

① ②

미국 북서부의 작은 도시 레드먼드는 마이크로소프트 캠퍼스가 있는 곳으로 유명하다(②). 시 당국은 '북서부의 자전거 도시'를 내세우며 도시 마케팅에 힘쓰고 있다(①). 그 이름을 남긴 초기 우체국장 맥레드먼드는 이러한 발전을 매우 흡족하게 생각할 것 같다. (2009. 7.; 2008. 8.)

를 위한 토지를 기증했고, 이러한 기여에 힘입어 결국 마을의 이름도 '레드먼드(Redmond)'로 바꾸는 데 성공한다. 현재 페리고가 경영하던 여관은 흔적을 찾아보기 어렵고, 그의 이름은 단지 조그마한 근린공원(Perrigo Park)에 남아 있을 뿐이다. 맥레드먼드는 온갖 노력 끝에 죽어서 이름을 남기는 데에, 그것도 세계적인 기업의 본사가 있는 도시에 남기는 데에 성공한 것이다.

지명의 생애

지명은 인간의 인식을 반영해 생성되고 공적인 절차를 거쳐 채택된다. 한번 만들어진 지명은 지도와 문서에서, 그리고 일상대화에서 사용되며 그 영역을 넓혀간다. 지명의 확산에서 언론과 교육기관은 중요한 역할을 수행한다. 지명의 속성, 또는 외적 영향과 작용에 의해 지명의 형태는 바뀌며 다른 지명으로 대체되기도 한다. 같은 지명이라도 그 지칭 대상의 규모가 달라질 수 있다. 지형물의 소멸 또는 다른 지명의 대체는 지명의 소멸을 가져오지만, 어떤 지명은 자체적인 생존력으로 다시 돌아올 수 있는 충분한 가능성을 갖는다. 〈도표 3-2〉는 그 과정을 이해하는 데에 도움이 될 것이다.

〈도표 3-2〉 지명의 생애

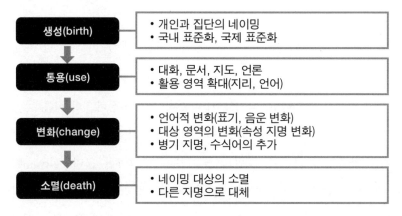

생성(birth)
- 개인과 집단의 네이밍
- 국내 표준화, 국제 표준화

통용(use)
- 대화, 문서, 지도, 언론
- 활용 영역 확대(지리, 언어)

변화(change)
- 언어적 변화(표기, 음운 변화)
- 대상 영역의 변화(속성 지명 변화)
- 병기 지명, 수식어의 추가

소멸(death)
- 네이밍 대상의 소멸
- 다른 지명으로 대체

04 지명의 유래와 스토리텔링

디모인과 디모인, 킹 카운티와 킹 카운티

미국 북서부 시애틀 대도시권의 남쪽에 해변을 끼고 디모인(Des Moines)
이라는 아름다운 작은 도시가 있다. 영어나 원주민 언어 일색인 이 지역
지명의 특성에 비추어 매우 낯설게 느껴진다. 프랑스어로 '수도승의'라는
뜻을 가진 이 지명은 어디서 유래한 것일까?

이 이름은 미국 중서부 아이오와주의 주도 디모인의 이름에서 가져왔
다. 신대륙 지명에 많이 도입되는 지명의 이식(transplantation)이 발생한 것
이다. 『워싱턴주 지명유래집』에 의하면 이 이름은 1889년 블래셔(F. A.
Blasher)의 구상에서 시작했다(Hitchman, 1985: 70). 새로운 땅에 정착하면
서 그는 방대한 개발을 계획한다. 그러나 그에게는 자금이 없어 고향인
아이오와 디모인에 있는 친구들에게 투자를 권유할 수밖에 없었다. 그는

투자에 대한 보상뿐 아니라 고향의 이름을 이곳에 붙이겠다는 약속을 했다. 그의 전략은 성공했고 마침내 디모인개발회사(Des Moines Improvement Company)를 세워 도시개발에 착수한다. 도시의 이름을 디모인으로 한 것은 당연한 수순이었다.

그러면 아이오와의 디모인은 어디서 유래한 것일까? 이곳에 있던 디모인요새(Fort Des Moines)에서 왔고 이는 인근의 디모인강(Des Moines River)에서 유래한 것은 분명한 것으로 보인다. 그러나 사용자 참여 온라인 백과사전 『위키피디아』에 의하면 디모인강 이름에 대해서는 두 가지 설이 있다. 하나는 이 지역에 사는 아비새(loon — 북미와 러시아 북부에 사는 새의 일종)를 부르는 원주민 이름 모인고나(Moingona)에서 왔다는 것이고, 또 하나는 17세기에 인근 몽크스마운드(Monks Mound — '수도승의 언덕'이라는 뜻) 정상의 오두막에 살았던 프랑스 수도승들에서 그 이름을 가져왔다는 것이다(그러나 몽크스마운드는 디모인강이 미시시피강과 합류하는 지점에서 300km 떨어진 거리에 있다).

오래 전부터 전해져 내려오는 지명은 이와 같이 그 유래가 불분명하며 여러 설이 있는 경우가 있는 반면, 공식 절차를 통해 새롭게 제정되는 지명은 그 유래가 기록으로 뚜렷하게 남아 있는 것이 대조적이다. 미국 워싱턴주의 킹 카운티 사례로 가보자. 시애틀을 둘러싸고 있는 킹 카운티(King County) 이름은 1853년 워싱턴주의 전신인 워싱턴 테리토리(Territory of Washington: 테리토리는 하나의 공식 행정단위로 편입하기 전 단계에서 한 국가의 통제를 받는 행정 형태)가 만들어질 당시 미국 부통령이었던 윌리엄 루퍼스 킹(William Rufus King)의 이름을 따서 붙여졌다.

100년 이상 유지되었던 이름은, 1986년 킹 카운티 이사회에서 흑인인

미국 워싱턴주의 킹 카운티는 미국 부통령 윌리엄 루퍼스 킹(William Rufus King)의 이름에서 유
래한 '킹 카운티'에서 흑인인권운동가 마틴 루서 킹 주니어(Martin Luther King Jr.) 목사의 이름을
딴 '킹 카운티'로 바뀌었다. 1986년 내려진 카운티의 결정이 주의회를 통과한 것은 19년이 지난
2005년, 새로운 로고를 만들기로 결정한 것은 2006년, 그 모습을 드러낸 것은 2007년이었으니,
주민들을 바라보는 킹 목사의 로고와 함께 그를 기념하는 지명에 완성되기까지 21년이 걸린 셈
이다(①). 이전에 사용된 로고는 이름의 의미대로 왕관의 모습을 담고 있다(②). (자료: 킹 카운티
홈페이지 www.kingcounty.gov)

권운동가 마틴 루서 킹 주니어(Martin Luther King Jr.) 목사의 이름을 딴 킹
카운티로 바꾸자는 제안이 통과되면서 변화의 조짐을 보였다. 그러나 카
운티이사회의 결정은 20년 가까이 주 의회에 묶여 있었고, 2005년 주 상
원을 통과한 법안에 주지사가 서명함으로써 비로소 확정되었다. 킹 카운
티에서 킹 카운티로, 우연히 같은 이름이었지만 다른 유래를 가진 지명으
로 바뀐 것이다. 킹 목사는 1961년 11월, 이틀간 이 지역을 방문하여 세
차례 연설했다는 기록이 있다.

　같아 보이지만 유래가 다른 지명으로의 변화로는 미국 워싱턴주 캐스
케이드산맥의 봉우리 중 하나의 이름을 '스프링산(Spring Mountain)'에서
'이라스프링산(Ira Spring Mountain)'으로 바꾼 사례가 있다. 유명한 야생 사
진사이며 이 지역의 다양한 등산로 가이드북을 집필한 이라 스프링(Ira
Spring)을 기념하여 2008년에 바꾼 이름이다. 이전 이름은 이 산에 널려 있

는 샘에 착안해서 자연스레 지어졌다. '봄' 또는 '샘'이라는 뜻의 spring은 영어권에서는 매우 선호되는 지명인데, 미국지명위원회의 데이터베이스에 의하면 '스프링필드(Springfield)'라는 도시 또는 촌락 이름은 미국에만 모두 42개가 있다. 애니메이션 심슨 가족(The Simpsons)이 사는 곳도 스프링필드다. 지명 변경에 관한 당시 보도에 의하면 이라 스프링은 2003년에 사망했다고 하니(≪Seattle Times≫, 2008.11.20.), 그는 불과 사후 5년 만에 자신의 이름을 그가 사랑했던 산에 남기는 영예를 누렸다.

지명의 유래 찾기, 지명을 바라보는 또 다른 방법

지명이 인간의 장소 인식에서 비롯된다는 것은 이미 앞 장에서 살펴본 바와 같다. 대상과의 위치적 관계, 현상에 대한 서술과 느낌의 표현, 특정 대상 또는 마음속 이상향과의 동일시, 숫자를 통한 인식 등이 그것이다. 이렇게 만들어진 지명 각각에 대하여 언어적 근원과 의미, 그리고 지명에 담긴 장소 인식을 찾아내는 것이 지명의 유래 찾기다.

지명의 음성이 어떻게 구성되어 있고 말해진 소리(음운)가 어떻게 변형되었는지, 그리고 글자와 단어의 구조가 어떤 요소로 구성되어 있고 그 의미는 무엇인지를 추적하는 것이 언어적 유래 찾기의 영역이다. 한편 지명 제정의 대상과 관련된 지형물, 인물, 역사, 이야기, 사건 등을 밝혀내고 어떤 정체성이 담겨 있는지를 찾아내는 것이 장소 인식을 중심으로 하는 유래 찾기가 된다.

미국 워싱턴주 도시 이름 벨뷰(Bellevue)를 다시 가져와보자. 언어적으로는 프랑스어 'belle(아름다운)'과 'vue(풍경)'가 결합된 구성으로 '아름다운 풍경'이란 뜻을 품고 있으며 그 음성은 프랑스어의 발음을 그대로 전달한다. 이 이름의 유래에 대해서는 앞서 정리했듯이 우체국 창문에서 바라본 아름다운 풍경을 표현했다는 설, 초기 정착자의 고향 이름을 그대로 가져왔다는 설, 도시 건설 당시 이상향을 표현했다는 설 등이 있다. 공통적으로는 아름다운 풍경을 지닌 도시로 발전하기 원했던 주민들의 장소 인식이 표현된 것이라 할 수 있다.

지명의 유래를 찾아보는 것은 장소 인식으로 시작하여 언어적 변천의 과정이 결합되어 나타난 네이밍의 결과를 체계적, 종합적이면서도 쉽고 재미있게 정리하는, 지명을 바라보는 또 다른 접근 방법이다. 우리 동네, 우리 고향이 어떤 바탕 위에 만들어졌는지 호기심을 충족시켜준다. 장소

언어의 변천 과정으로 살펴보는 우리 동네 지명 회기동의 유래

서울 동대문구 회기동(回基洞)의 유래는 조선 성종대로 올라간다. 성종의 후궁이었던 윤 씨는 첫 번째 왕비가 죽은 후 중전의 자리에 올라 연산군을 낳는다. 그러나 그는 왕과의 갈등으로 폐서인되고 연산군의 세자 책봉에 즈음해 사약을 받고 죽는다. 그가 묻힌 곳이 회묘(懷墓), 지금의 경희의료원 자리였다.

연산군은 왕위에 오른 후 모친의 묘를 '회릉(懷陵)'으로 승격했고 이 부근은 '회릉동'이라 불리게 되었다. 그러나 연산군의 폐위로 그 이름은 다시 '회묘동'이 되었고, 어려운 '회(懷)' 자 대신에 음이 같은 '회묘동(回墓洞)'으로 바뀌었다. 이후 인식이 좋지 않은 '묘(墓)' 자는 다시 비슷한 한자 '기(基)'로 바뀌어 오늘의 이름 '회기(回基)'가 탄생한 것이다.

조선시대 한성부 동부 인창방(仁昌坊)에 속했던 회기리는 1914년 행정구역 개편 시 경기도 고양군 숭인면 회기리가 되었고, 1936년 경성부 회기정(回基町)이 되었다가 1943년 동대문구에 속하였고 해방 후 회기동으로 정착되었다.

1750년경 그려진 해동지도 양주목 부분에는 '회릉(檜陵)'으로 표기되어 있는데, 국토지리정보원이 편찬한 『한국지명유래집』에서는 이를 오기(誤記)라 하고 있다.

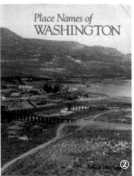

지명의 유래를 찾아보는 것은 그 지역 또는 장소의 역사와 특성을 알기 위한 좋은 출발점이 된다. 우리나라 지명관리기구인 국토지리정보원에서는 지역별로 지명유래집을 편찬해 왔다(① 중부편 2008년, 충청편 2010년, 전라·제주편 2010년, 경상편 2011년). 필자가 미국 워싱턴주에 1년간 거주하면서 수시로 참조했던 지명유래집(②)은 지역에 있는 산, 강, 도시, 마을, 호수 등을 돌아다니며 친근하게 이해하는 데 매우 좋은 자료를 제공해 주었다. 남아프리카공화국에서는 부시맨 종족의 영향을 중심으로 지명 유래를 서술한, 특정 주제에 초점을 맞춘 지명유래집을 발간했다(③). (자료: 국토지리정보원, 2008; Hitchman, 1985; Raper, 2012)

의 특성을 알아가는 출발점이며 장소를 기억하기 위한 스토리텔링의 좋은 소재가 된다. 어떤 도시와 지역을 소개할 때 지명 유래를 설명하는 것으로부터 시작하는 것이 바로 이런 이유에서다. 지명관리기구 또는 지명 연구자에게 있어 각 지역의 지명유래집을 발간하는 것은 매우 중요한 일이 되어 있다.

새로운 지명 만들기, 아니면 기존 고유명사를 이용?

지명의 유래를 어떻게 유형화할 수 있을까? 지명이 붙여지는 근거인 인간의 장소 인식에 대해서는 이미 앞서 유형화를 시도했기 때문에 이를 다시 반복하는 것은 의미가 없다. 여기서는 지명을 구성하는 언어가 어떤 근

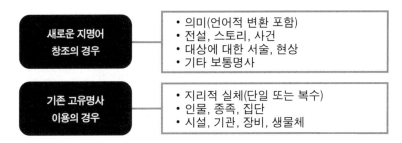

원을 갖는지를 중심으로 지명의 유래를 나누어보고자 한다. 이렇게 지명의 언어적 요소에 주목할 때 특별히 '지명어(地名語)'라는 용어를 사용한다. 이 기준에 의하면 지명의 유래는 새로운 지명어를 창조하는 경우와 기존의 고유명사를 이용하는 경우로 나눌 수 있다. 〈도표 4-1〉은 이를 이해하기 위한 가이드맵이다.

새로운 지명어를 만드는 첫 번째 유형은 의미를 부여하는 것이다. 이념이나 사상과의 동일시를 위한 이름이 이에 해당한다. 한자어를 조합하는 것은 이 유형의 지명을 만드는 주요한 방법이다. 현자가 모여 있는 곳은 회현동(會賢洞)이고 좋은 인재가 있는 곳은 양재동(良才洞)이다. 때로는 음운의 변화를 겪기도 한다. 새롭게 융성하는 동네, 신길동(新吉洞)은 새로운 터가 있는 마을, 신기리(新基里)가 변형된 것이다.

새로운 지명어의 두 번째 유형은 대상과 얽힌 전설, 역사, 스토리 또는 사건을 담는 것이다. 범곡(凡谷), 범골 또는 호계(虎溪), 범재 또는 범현(凡峴)과 같이 산이 있는 곳이면 나타나는 이름은 호랑이와 관련된 이야기를 함께 전한다. 서울 구로동(九老洞)은 장수했던 노인 아홉 명의 전설에서, 제기동(祭基洞)은 조선시대에 풍년을 기원하는 제사를 지내던 자리가 있었다는 데에서 유래했다. 병자호란 당시 남한산성으로 피난 가는 인조가 마셨던 문 씨 집의 우물물은 이곳에 문정동(文井洞)이란 이름을 남겼다. 조선 시대 임경업 장군이 말에게 물을 먹인 곳은 가뭄이 와도 물이 계속 나오는 곳으로 마천동(馬川洞)이라는 지명을 얻었다. 속리산(俗離山)은 신라의 승려 진표(眞表)를 보고 밭 갈던 소들이 모두 무릎을 꿇는 모습을 본 농부들이 함께 속세와 작별하고 입산수도한 데에서 유래했다.

세 번째 유형으로서 대상의 모양, 특성, 형태 등을 서술하는 지명어는 지명 부여자의 관찰과 느낌을 표현하는 장소 인식으로부터 만들어진다.

일제 치하에서 만들어진 합성지명

일제는 우리나라를 통치하기 시작하면서 1914년에 대대적인 행정구역 개편을 시행한다. 그 결과 만들어진 것이 13도(道) 12부(府) 220군(郡) 체제다. 오늘날 존재하는 기초 행정구역의 토대가 이때 만들어졌다 해도 과언이 아니다.

통합된 행정구역에 지명을 부여하기 위해 일제가 많이 사용했던 방법은 각 행정구역에서 한 글자씩 가져와 새로운 지명을 만드는 것이었다. 서울(당시는 경기도 경성부)에서 만들어진 몇 개 합성지명의 사례를 보면 다음과 같다.

은평면(恩平面)은 연**은**방(蓮恩坊)과 상**평**방(常平坊)의 합성
창신동(昌信洞)은 인**창**면(仁昌面)과 숭**신**면(崇信面)의 합성
숭인동(崇仁洞)은 **숭**신면(崇信面)과 **인**창면(仁昌面)의 합성
청운동(淸雲洞)은 **청**풍계(淸風溪)와 백**운**동(白雲洞)의 합성
익선동(益善洞)은 **익**랑골(翼廊골)과 정**선**방(貞善坊)의 합성
인사동(仁寺洞)은 관**인**방(寬仁坊)과 대**사**동(大寺洞)의 합성

이렇게 보면 창신동이 믿음을 넓히는 곳, 숭인동이 어짊을 숭상하는 곳, 청운동이 맑은 구름이 있는 곳, 익선동이 선을 더하는 곳이라는 해석은 스토리텔링 면에서는 활용할 수 있다 하더라도 그 유래를 서술하는 데는 오류가 된다.

갈라진 봉우리 가리봉(加里峰), 뾰족한 산 독산(禿山), 갓을 쓴 산 관악산(冠岳山)부터 시작해서 닭발 모양의 산줄기가 있는 산 계족산(鷄足山), 닭볏을 쓴 용의 형상을 닮은 산 계룡산(鷄龍山)까지 그 사례는 많다. 태평양, 황해, 흑해, 홍해 등과 같이 바다이름에서도 종종 발견되는 유형이다. 위치 인식을 나타내는 남산, 동해, 강남, 강북 등도 이 유형으로 분류한다.

새로운 지명어가 만들어지는 마지막 유형은 생물체, 지형물, 시설 등 대상과 관련된 보통명사를 사용하는 경우다. 서술어와 함께 쓰이기도 한다. 오류동(梧柳洞)은 오동나무와 버드나무가 많아서, 방이동(芳荑洞)은 아름다운 개나리꽃이 많아서, 후암동(厚岩洞)은 두터운 바위가 있어 붙여졌다. 북

야생지역 지형물에 이름을 붙이는 좋은 방법은 생물체의 이름을 이용하는 것이다. 사진은 미국 오리건에서 만난 일크릭(①)과 캘리포니아 넓은 대지에 있는 레드우드공원(Redwood Park)(②)을 보여준다. 1906년부터 1956년까지 운영되었던 미국 시애틀의 석탄가스화 공장의 부지는 폐쇄된 후 1975년 시 당국에 의해 '개스웍스공원(Gas Works Park)'라는 이름으로 새로운 기능을 부여받았다. 연날리기, 캐치볼, 프리즈비와 같은 운동을 즐길 수 있는 이 공원은 유니온호수(Union Lake)와 면해 있어 그림 같은 풍경을 자아낸다(③, ④). (2009. 4.; 2009. 6.)

미 야생지역에는 어김없이 곰
이 많이 나타나는 샛강 베어크
릭(Bear Creek), 뱀장어가 많은
곳 일크릭(Eel Creek)이 있다.
미국 캘리포니아에 넓게 분포
하는 거대한 침엽수 레드우드
(redwood)는 국립공원, 도시,
도로, 강에 그 이름을 남겼다.
교회가 시가지의 중심에 있는
유럽 도시에서 처치스트리트
(Church Street 또는 이에 해당하는
각 언어의 이름)를 찾는 것은 매
우 쉬운 일이다.

교회가 시가지의 중심에 있는 유럽 도시에서 처치
스트리트를 찾는 것은 매우 쉬운 일이다. 사진은 두
주간 영국 방문에서 우연히 발견한 처치스트리트
들이다. 그랜섬(Grantham, ①), 뱀버러(Bamburgh, ②),
베릭어폰트위드(Berwick-upon-Tweed, ③), 앰블사이
드(Ambleside, ④), 바스(Bath, ⑤). (2017. 6.)

　지명을 부여하는 데에 많이
쓰이는 방법은 이미 존재하는 고유명사를 이용하는 것이다. 이것이 지명
의 유래를 유형화하는 두 번째 기준이다. 앞서 정리했듯이 이 방법은 기존
의 지형물, 시설, 인물과의 동일시 또는 따라 하기의 동기에서 비롯된다.

　주변에 있는 지형물의 이름을 따는 것은 매우 자연스러운 과정이다. 남
산 밑의 남산동, 한강으로 연결되는 한강로, 서해를 지나가는 서해대교 등
이 그것이다. 문화유적인 보문사(普門寺), 보광사(普光寺), 청량사(淸涼寺)에
서 유래한 보문동, 보광동, 청량리동도 있다. 새로운 개척의 역사를 만들
었던 신대륙에서는 먼 곳에 있는 고향이나 닮고 싶은 도시의 이름이 이식
되기도 한다. 미국의 보스턴은 영국의 보스턴에서, 미국 북서부의 디모인

은 중서부의 디모인에서 옮겨왔다. 이때 영국의 요크(York)가 미국의 뉴욕 (New York)이 된 것처럼 수식어가 붙기도 하고, 영국의 뉴캐슬어폰타인 (Newcastle upon Tyne)이 호주의 뉴캐슬(Newcastle)이 된 것처럼 수식어가 탈락하기도 한다. 미국 워싱턴주 타코마(Tacoma)시의 이름이 타코마산 (Mt. Tacoma: 레이니어산의 다른 이름)에서 온 것과 같이 속성 지명이 달라질 수도 있다. 기존의 지명에서 한 글자씩을 따서 새로운 지명을 만드는 것도 이 유형에 속한다.

시설물의 이름에서 지명을 가져올 수도 있다. 서빙고동은 궁궐에 얼음 을 공급했던 창고 서빙고(西氷庫)가 있던 곳이다. 압구정동은 이곳에 있던 압구정(狎鷗亭)에서 유래했다. 압구정은 조선 세조 때의 권신 한명회가 지 은 정자로서, 그는 중국 송나라 재상 한기(韓琦)가 만년에 정계에서 물러 나 한가롭게 갈매기와 친하게 지내면서 머물던 그의 서재 이름을 압구정 이라 했던 고사에서 자신의 호를 압구, 정자를 압구정이라 이름 붙였던 것 이다(국토지리정보원, 2008; 서울특별시사편찬위원회, 2009).

항해에 익숙했던 사람들은 그들이 탔던 배의 이름을 지명에 사용하는 경우가 많다. 북미 태평양북서부에서 가장 큰 유역권을 가진 컬럼비아강 (Columbia River), 세계에서 가장 깊은 심연인 챌린저해연(Challenger Deep), 미국 캘리포니아의 도시 크레센트시(Crescent City)* 등이 바로 이곳으로 타고 왔던 배의 이름을 따서 붙인 것이다. 지명 유래를 추적하기 가장 어 려운 경우다.

인구가 대규모로 유입된 곳에서 지명에 사용하는 고유명사 중 가장 많

---

* 항구의 모양이 초승달처럼 생겨 크레센트시라는 이름을 붙였다는 설도 있다.

로키산맥에서 발원하여 캐나다의 앨버타와 브리티시컬럼비아, 미국의 워싱턴과 오리건 등을 흘러가는 컬럼비아 강은 북미에서 가장 넓은 유역권을 가진 강이다(①). 그 이름은 미국 동부 출신의 항해 상인이었던 로버트 그레이(Robert Gray)가 자신이 타고 온 컬럼비아호(Columbia Rediviva)의 이름을 따서 1792년 붙여졌다고 알려졌다(③). 이후 이 지역은 컬럼비아 지역(Columbia Region)으로 불리게 되었고 캐나다의 주 이름 브리티시컬럼비아(British Columbia)의 원천이 되기도 했으니, 그 배의 영향력은 대단한 것이었다. 이 강의 하류는 웅장한 협곡(gorge)을 이루어 '전망 좋은 곳'으로 지정되어 있다(②, ④). 그 전망대에는 이곳의 역사와 지명의 유래가 상세히 적혀 있다. (자료: ① 『위키피디아』 cc by Kmusser; 사진 2009. 3.)

은 것은 아마도 인물의 이름일 것이다. 미국의 수도 워싱턴, 뉴질랜드의 수도 웰링턴, 호주에서 인구가 가장 많은 도시 시드니 모두 인물의 이름에서 온 것이다. 그 사례는 앞으로도 많이 소개될 것이다. 카리브(Carib) 종족에서 유래한 카리브해(Caribbean Sea)와 같이 집단의 이름이 사용된 경우도 있다.

물고 물리는 지명의 유래와 스토리텔링

지명을 주변의 사물이나 관련된 인물의 이름에서 가져왔을 경우 그 이름 또한 특정 유래를 가질 수 있기 때문에 어디까지를 유래로 보고 서술할 것인지에 대해서는 판단이 필요할 때가 있다. 각 이름이 갖는 음절 또는 단어의 의미를 새길 것인지도 마찬가지다.

서울 지하철 5호선 둔촌동역의 경우를 보자. 이 역의 이름은 이곳의 행정구역 둔촌동에서 유래했다. 둔촌동은 과거 '둔촌리'였고, 이는 한때 이 지역에 거주했던 고려 말 유학자 둔촌 이집 선생의 이름에서 왔다. 그는 말년에 관가를 떠나 이름을 '집(集)'으로, 호를 '칩거의 마을'이라는 뜻의 '둔촌(遁村)'으로 바꾸고 은거하며 시와 학문에 전념했다고 알려진다. '둔촌동역'의 유래는 행정구역 '둔촌동'이라 하면 될 일이다. 그러나 '둔촌동'이 여기 거주했던 학자이자 시인을 기리는 이름이고, 또 그것은 그의 말년 삶의 방식을 반영하는 이름이었다는 이야기까지 함께 전한다면 보다 친절하고 풍성한 유래가 될 것이다.

이와 같이 지명의 유래를 서술하는 것은 작가적 종합력이 필요하며 때로는 상상력도 요구되는 창의적 스토리텔링이다. 한강대교는 이 다리가 가로지르는 한강에서 유래했음이 너무도 명백하다. 그러나 여기서 더 나아가 이 다리가 한강에 놓인 첫 번째 다리로서 1917년 최초로 완공되었을 때의 이름은 '제1한강교'였고 이후 '한강인도교(漢江人道橋)', '한강가교(漢江假橋)'로도 불렸으며, 1981년 두 배로 확장되면서 '한강대교'로 바뀐 역사를 함께 서술할 수 있다. 아울러 이 다리가 6·25전쟁이 발발한 지 사흘 만에 폭파되면서 많은 비극을 만들어냈으며 8년 만인 1958년이 되어서야 비로

남산서울타워 전망데크에서 바라본 남산, 한강, 그리고 그 사이 시가지의 모습. 산 뒤쪽이 한남동, 호텔(검은색 건물) 오른쪽이 이태원이다. 한남동(漢南洞)은 일제 강점기에 한강의 '한(漢)'과 남산의 '남(南)'이 결합되어 만들어진 이름이다. 한강과 남산 사이에 있는 이곳은 이름 그대로 ▶▶

소 재건되었다는 역사를 함께 기록한다면, 더욱 완성도 높은 스토리가 만들어질 것이다.

지명을 구성하는 각 음절의 뜻과 지칭하는 대상을 짐작하면서 지명 유래의 실마리를 찾는 것은 좋은 방법이긴 하지만 때로는 오류를 만들어 내기도 한다. 한때 우리나라 국회의원을 중심으로 한강을 '漢江'에서 '韓江'으로 바꾸자는 운동이 벌어졌었다. 현재 쓰이는 한자어가 한(漢)나라, 즉 중국을 지칭하는 것이니 우리나라를 가리키는 '한(韓)'으로 바꾸자는 것이었다. 그러나 이는 이때의 '漢'이 '크다'는 뜻으로 '큰 강'을 표현하는 것이라는, 일반적으로 인정되는 사실을 간과한 소치였다. 더욱이 조선 건국과 함께 새 도읍 한양을 가로지르는 강으로서 왕조의 역사와 함께 이 이름에 쌓여 있던 국가 중심의 상징성과 장소성도 놓치고 있었다.

▶▶ 풍수지리에서 말하는 배산임수의 전형적인 좋은 땅이다. 대기업 총수들의 저택과 세련된 미술관, 카페, 그리고 여러 대사관이 있는 이곳은 이에 상응하는 장소성을 제공하고 있으나, 1979년 12월 군사쿠데타로 인한 비극적인 총격의 장소로도 기억되고 있다. (2018. 5.)

한강과 관련된 또 한 가지 잘못된 유래를 생각하게 할 수 있는 사례는 한남동(漢南洞)이다. 얼핏 '한강의 남쪽에 있는 동'으로 해석하고 싶지만, 잘못된 것이다(이곳은 한강의 북쪽이다). 이 이름은 한강과 남산 사이에 있다고 해서 붙여졌다. 대한제국에서 한강상동, 중동, 하동으로 불렸던 이곳은 1936년 경성부에 편입되면서 '한남정(漢南町)'이라는 이름을 부여받았고, 해방 후 한남동이 되었다.

우이동, 우이봉, 우이암, 우이령, 우이천
쉽지만은 않은 지명의 유래 찾기

『한국지명유래집』에 의하면 서울의 북한산 자락에 있는 우이동(牛耳洞)

은 과거 우이계(牛耳契), 우이리(牛耳里)로 불렸고, "삼각산(북한산의 다른 이름—필자 주)에 있는 소의 귀처럼 생긴 봉우리, 소귀봉 또는 우이봉 아래에 있는 마을이라 하여 붙여졌다고 한다"고 기록되어 있다. 그런데 우이봉은 국토지리정보원이나 국내 주요 포털의 지도서비스 어디에도 나오지 않는다. 그러면 소의 귀처럼 생겼다는 봉우리는 과연 어디 있는 것일까?

이 봉우리는 현재 우이암이라고 표시되어 있는 곳(해발 542m)으로 보인다. 등산객들 사이에서 여인봉, 오봉과 함께 '삼봉'으로 불리고 있는 우이봉은 우이암과 구분 없이 사용되고 있다. 따라서 우이봉은 표준화된 지명은 아니고 오래 전부터 통상적으로 부르는 이름이었다고 추정할 수 있다. 이곳의 지명이 어떻게 '우이봉'이 아닌 '우이암'으로 정착되었는지는 알려진 바 없지만, 과연 우이암은 소의 귀처럼 보여 다른 지명에 사용될 만큼 큰 영향력을 지닌 지형물인 것은 틀림없는 것 같다. 우이암에서 서쪽으로 1km 떨어진 지점에 나타나는 우이령과 소귀고개 역시 우이암에서 유래한 것으로 보인다.

그런데 이러한 유래에 전적인 확신을 갖기 어렵게 하는 한 가지 사실이 있다. 1750년경 그려진 것으로 알려진 고지도다. 이 지도에는 우이천(牛耳川)은 나오지만 우이암, 우이봉 어느 것도 보이지 않는다. 물론 이들은 더 큰 산인 삼각산이나 도봉산에게 양보하느라 표시되지 못했고, 상대적으로 여백이 있는 평지에 우이천을 표기했다고 볼 수 있다. 그러나 우이천이 우이봉 또는 우이암에 앞서 존재했다는 가설도 완전히 배제하기는 어렵다. 개천의 형태나 주변의 바위도 소의 귀 모양으로 보일 가능성이 충분히 있기 때문이다. 이 문제는 이 지역에 여러 세대 거주했던 가구에 대한 인터뷰나 역사적 자료를 통해 밝힐 일이다.

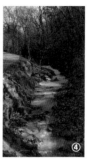

1750년경 그려진 해동지도 양주목 부분에는 '우이동(牛耳洞)'의 근원인 '소의 귀처럼 생긴 봉우리' 우이봉은 보이지 않고 우이천(牛耳川)만 표시되어 있다(①). 이것은 '우이천'이 '우이봉'에 앞서 존재했을 수도 있다는 가능성을 보여주는 것이다. 현지에는 우이암과 우이령을 가리키는 표지판만 존재한다(②). 사진 ③의 오른쪽 봉우리가 우이암이다. ④는 얼어붙은 우이천을 보여준다. (자료: ① 국토지리정보원, 2008: 92; 사진 2018. 2.)

우이동의 사례와 같이 하나의 근원을 공유하는 여러 개의 지명이 있을 때 어떤 지명이 먼저 있어서 다른 지명의 근원이 되었는지, 즉 어떤 것이 선행 지명인지를 밝히는 것은 때로 어려운 일이다. 마찬가지로 지명 유래의 서술을 어렵게 하는 것은 그 유래가 뚜렷하지 않고 언어적, 지리적 추정에 의존할 수밖에 없을 경우다. 지명 유래에 여러 설이 나오게 되는 이유다.

유럽 발트해의 사례를 들어보자. 유럽 대륙과 스칸디나비아 반도 사이에 있는 이 바다의 영어 이름 'Baltic Sea'는 라틴어 'Mare Balticum'에서 왔다. 이 바다를 둘러싸고 있는 9개국 중 4개국이 같은 어원을 공유한다(라트비아 Baltijas jūra, 리투아니아 Baltijos jūra, 러시아 Балтийское море, 폴란드 Morze Bałtyckie). 다른 4개국은 '동쪽 바다'라는 뜻의 이름을(독일 Ostsee, 덴마크 Østersøen, 스웨덴 Östersjön, 핀란드 Itämeri), 에스토니아는 '서쪽 바다'라는 뜻의 이름(Läänemeri)을 사용하지만 국제적 맥락에서 이 바다를 Baltic

Sea라고 부르는 데에는 어떤 거리낌도 없다.

『위키피디아』에 의하면 'balticum'의 언어적 유래에 대해서는 몇 가지 설이 있다. 그 하나는 벨트를 의미하는 라틴어 'balteus'에서 기원했다는 것이다. 여기에는 바다의 모양이 땅을 통과하여 벨트처럼 뻗은 형상을 하고 있다는 설명이 덧붙여진다. 또 하나는 '희다' 또는 '반짝이다'는 뜻의 리투아니아어 'baltas'(라트비아어로는 balts)와 어원을 같이 한다는 설이다. 여기에는 하얀 절벽이 많아 그리 이름 지어졌다는 설명이 있다. 이밖에도 '늪'이라는 뜻의 리투아니아어 balà에서 유래했다는 설, 막힌 바다라는 점에서 '만'이라는 뜻의 'bay'에서 유래했다는 설이 있다. 지리적 유래로는 플리니우스(Pliny the Elder)의 저작 『자연사』에 나오는 전설의 섬 발티아(Baltia)에서 왔다는 설이 있다.

어떤 설명도 명확한 증거를 제시하지는 못하지만 '발트해' 명칭이 이 지역의 다른 이름 사용이나 지리적 구성에 큰 영향력을 미친 것은 분명하다. 발트해에 접하는 9개국을 발트 지역(Baltic region), 동쪽 연안에 있는 3개국(에스토니아, 라트비아, 리투아니아)을 발트 국가(Baltic states), 리투아니아어와 라트비아어 등으로 구성된 언어의 계보를 발트 언어(Baltic languages), 이 언어를 사용하는 사람들을 발츠(balts)로 구분하여 부르는 등 그 파생력은 대단하다.

발트해와 같이 오랜 역사를 가진 지명은 그 명확한 유래를 찾기 어려운 경우가 많다. 새로운 세력이 들어와 개척을 거듭한 곳에 지명을 부여한 개인, 집단, 또는 공공기관이 있어 기록을 남긴 경우에는 비교적 분명한 유래를 알 수 있지만, 오랜 기간 언어적 변천을 겪으며 형성된 지명은 그렇지 못하기 때문이다. 이름 부여의 주체가 뚜렷하더라도 어떤 의도에서, 어

발트해는 섬과 만을 기준으로 15개의 작은 바다로 나뉘어져 각각의 이름을 갖고 있지만 국제적으로 전체를 통칭하는 Baltic Sea를 사용하는 데에 어떤 거리낌도 없다(①). 그 이름의 유래에는 쪼개진 바다 수만큼 다양한 언어적, 지리적 설이 있다. 바다의 양끝, 독일(바르메뮌데, ②)과 핀란드(헬싱키, ③)에서 바라보는 느낌은 매우 다르다. 전자가 말을 타고 서핑을 즐기는 활동적인 바다라 한다면, 후자는 항해하는 배를 받아들이는 얌전한 바다라고 할까. (자료: ①『위키피디아』, cc by Norman Einstein; 사진 2016. 10.; 2015. 8.)

떤 장소 인식에 기초해서 이름을 붙였는지 모르는 경우가 많다. 한자어로 이름을 붙인 경우, 좋은 뜻을 새기기 위해 지었다고 볼 수도 있지만 순수 한글 지명을 표기하기 위해 음차한 것일 수도 있고, 의외로 다른 지형물 또는 알려지지 않은 중국의 고사에서 가져왔을 수도 있다. 아래는 몇 개의 다른 유래를 가진 지명의 사례를 보여준다.

- 수락산(水落山): 서울 노원구, 경기 의정부시, 남양주시
  1. 바위가 벽을 둘러치고 있어 물이 굴러 떨어지므로(水落) 붙여짐
  2. 산봉우리 형상이 마치 목이 떨어져 나간 모습(首落) 같다 하여 붙여짐
- 응봉(鷹峯): 서울 성동구

1. 모양이 매(응-鷹)처럼 보여 붙여짐

2. 임금이 이곳에서 매사냥을 했기 때문에 붙여짐

• 송파동(松坡洞): 서울 송파구

  1. 나루터 연파곤이 소파곤으로 변음되고 다시 송파가 됨

  2. 소나무가 많아 소나무 언덕이라고 불린 데에서 유래됨

  3. 어부가 배에서 낮잠을 자다 이곳 소나무가 서 있던 언덕 한 쪽이 패어 떨어져 잠이 깬 후 이 곳을 송파라고 부른 데서 유래됨

• 장지동(長旨洞): 서울 송파구

  1. 마을의 모양이 길게 생겨 붙여짐

  2. 잔버들이 많아 '잔버드리'라고 불리던 것을 한자어로 바꿈

• 오금동(梧琴洞): 서울 송파구

  1. 이곳에 많은 오동나무로 가야금 만드는 사람이 살았던 데서 유래됨

  2. 병자호란 때 인조가 남한산성으로 피난 가는 길에 이곳에서 잠시 쉬면서 오금이 아프다고 말한 후 오금골이라 부름

• 창곡동(倉谷洞): 경기 성남시

  1. 나라에서 봄에 곡식을 대여하고 가을에 거두어 보관했던 창고가 있어 붙여짐

  2. 병자호란 당시 청나라 군사들이 진을 쳤던 곳이어서 '창(槍)말'이라 불리던 것이 변형됨

프라이데이하버, 페더럴웨이

스토리텔링의 소재, 지명

하나의 지명이 여러 개의 유래를 갖고 있다는 것은 그만큼 지명이 붙여

진 대상의 특성, 이에 대한 생각 또는 관련된 이야기가 다양하다는 것을 의미한다. 그중 하나가 다른 것보다 더 맞는 것처럼 보일지라도 어떤 유래에 더 큰 힘을 실어줄지는 서술자의 판단과 가치 부여의 문제라고 본다. 명확한 오류거나 아주 현실과 동떨어진 것이 아니라면 창의적인 스토리텔링의 도구로 지명을 사용하는 것은 의미 있는 일이다.

미국 워싱턴주, 샌후안섬(San Juan Island)의 항구 마을인 프라이데이하버(Friday Harbor)의 이야기다. 이 이름은 하와이 원주민으로서 이 섬에 살면서 양을 기르던 프라이데이(Joseph P. Friday)에서 유래했다고 알려져 있다. 그의 이름을 따서 항구의 이름으로 사용했고, 항구의 이름이 바로 마을의 이름이 된 것이다. 그런데 워싱턴주 지명 유래집에만 나오는 재미있는 이야기가 있다.

초기 개척시대에 배를 타고 온 사람들이 항구에 들어오면서 육지에 있는 사람에게 묻는다. "이 만의 이름은 무엇인가요?(What bay is it?)" 그들이 들은 대답은 "오늘은 금요일입니다(It's Friday)"라는 엉뚱한 것이었다. 항구의 시끄러운 상황에서 질문은 "What day is it?"으로 들렸고, 그날이 금요일임을 말해준 것이다. 배에 타고 있던 사람들은 'Friday'가 이곳의 이름이라 생각했고 이후 항구의 이름으로 굳어졌다는 이야기다. 단순히 사람의 이름에 유래했다는 것보다는 기억에 남는 이야깃거리임이 분명하다.

워싱턴주의 사례를 하나 더 들어보자. 시애틀 남쪽으로 타코마시에 거의 근접해서 한인들이 밀집해서 살고 있는 페더럴웨이(Federal Way)라는 도시가 있다. 그 이름의 유래는 이렇다. 도시의 모습을 갖추기 전인 1929년, 이미 이곳에 거주하고 있던 가구의 자녀들을 교육시키기 위한 학군을 만들게 된다. 아직 주변에 이름을 가져올 만한 시가지 또는 시설이 없는 상태에서 교육당국은 이곳을 지나고 있던 99번 연방도로(Federal Way)에 주목한다. 그래서 채택된 이름이 페더럴웨이 학군(Federal Way School District). 이후 이 지역은 '페더럴웨이'로 불렸고, 1990년 도시가 출범하면서 공식적인 이름으로서 위상을 확보했다.

　필자가 전공하는 지리학에서는 이 자체만으로도 충분한 이야깃거리가 되지만, 창의력 있는 작가는 또 다른 이야기를 덧붙이며 흥미를 끌 수 있을 것이다. '페더럴웨이'가 갖고 있는 문자적 의미, 즉 '연방의 길', '연방의 방법' 등을 활용해서 이 도시가 연방정부가 추구할 만한 건전하고도 수준 높은 정책을 추진하려는 열망을 이 이름에 담았다고 하면 어떨까? 지명의 유래로 언급되지는 못하더라도 장소 마케팅의 도구로는 충분한 가능성이 있으리라 본다.

05 지명에 권위 부여하기, 지명의 표준화

중랑교와 중량교, 인왕산(仁王山)과 인왕산(仁旺山)

"청량리 중량교 가요." 인구 급성장 시기, 버스에 의존해야 했던 시절의 서울, 당시 '차장'이라 불리던 안내양이 부르짖었던 소리다. 버스는 서울 시내를 서쪽으로는 신촌을, 동쪽으로는 청량리를 연결하여 멀리는 서울 외곽인 망우리까지, 말하자면 황금 노선을 달렸고 승객은 언제나 만원이었다. 이 소리는 "차라리 죽어요"로 패러디되기도 했는데, 짐짝처럼 실려 가는 서민들의 고통을 표현했다고 하고 졸음과 싸우며 승객을 밀어 넣어야 했던 '버스 대장'의 애환을 담았다고도 했다.

지금은 '중랑교'로 통일되었고 '중랑(中浪)'이 하천, 자치구, 지하철역 등 다양한 용도로 사용되는 이름으로 굳어졌지만, 아직도 '중량(中梁)'이라는 이름의 흔적이 시민들의 대화와 기억 속에 남아 있다.

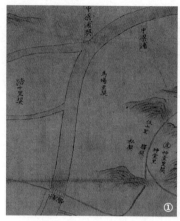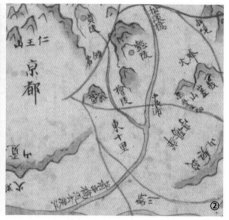

조선시대에 발간된 지도와 문서에는 중량(中梁)과 중랑(中浪)이 혼용된 흔적이 다수 나타난다. 해동지도(海東地圖)(①)와 도성대지도(都城大地圖)(②)는 모두 영조 대에 제작되었으나, ①에는 중량포(中梁浦), ②에는 중랑포(中浪浦)를 표기했다. 승정원일기는 영조 즉위년 같은 날 기사에 두 이름을 한 번씩 기록하는 명백한 혼용의 형태를 보인다(자료: 주성재·장현석, 2021: 641).

　현재까지 연구 결과에 의하면, 이 이름들은 1487년『동국여지승람』에 중량포(中梁浦)로, 1610년 호패청 문서에 중랑포리(中浪浦里)로 각각 처음 등장한다(주성재·장현석, 2021). 그러나 이에 앞서 조선왕조실록에 중량포(中良浦, 1417년 이래)와 충량포(忠良浦, 1420년 이래)도 다수 사용되었고, 조선 중기 이후에는 중녕포(中寧浦), 중령포(中令浦, 中泠浦, 中嶺浦), 중랑포(中郞浦), 죽령포(竹令浦, 竹泠浦, 竹嶺浦)도 나타나 여러 지명어가 공존하였음을 알 수 있다.

　이 결과는 일제강점기인 1911년 일제에 의해 발행된 경성부지도에서 '중량교(中梁橋)'를 '중랑교(中浪橋)'로 표기한 후, 각종 문헌에서 '중랑천'이라고 표기하면서 '중랑' 명칭이 정착되었다는 설명(한국학중앙연구원의『한국민족문화대백과』)의 유효성을 약화시킨다. 1961년 정부가 '중랑천(中浪川)'

을 하천의 표준지명으로 지정, 고시한 것은 '중랑'이 다른 유형의 명칭으로 확산하는 데 중요한 계기가 되었다. 1988년 동대문구에서 분리된 행정구역에 '중랑구' 명칭을 부여한 것은 또 다른 영향력을 미쳤을 것이라 추정된다.

『한국지명유래집』은 풍수지리에서 서울의 좌청룡이 되는 인왕산(仁王山)의 지명 유래를 "인왕은 석가(釋迦)의 미칭(美稱 — '아름답게 이르는 이름'이라는 뜻, 필자)으로 산에 예전에 인왕사(仁王寺)가 있었으므로 그렇게 이름한 것이다"라는 『광해군일기(1616)』를 인용하여 소개하고 있다. 사찰의 이름에서 왔으며 그 이름은 또 인물 또는 종교적 상징물('인왕'이 '금강역사'로도 불리는 불교의 수호신을 말한다는 해석에 근거함)에서 유래했음을 밝히고 있는 것이다.

이 이름은 '날 일(日)' 자가 들어간 '인왕산(仁旺山)'으로 사용되다가, 1995년 현 국가지명위원회의 전신인 중앙지명위원회의 결정에 의해 현재의 이름으로 바뀌었다. 일제가 일왕을 의미하는 한자로 바꾸었으므로 이를 바로잡는다는 의미였다. 일제의 의도적 변경설은 폭넓게 받아들여져 왔으나, 조선시대 선조, 정조, 순조 대에 이미 '仁旺山'이 사용되었다는 사료가 나오면서(≪연합뉴스≫, 2005. 3. 3.) 힘을 잃었다. 한 가지 가능한 가설은, 두 이름이 있었는데 더 적게 사용된 '仁旺山'이 일제의 이해에 맞아 이를 쓰도록 했고 상당 기간 공식지명으로 사용되었다는 것 정도로 말할 수 있지 않을까 한다. 어떤 배경이든 지명 사용자가 불편을 느끼는 이름을 변경·고시하여 사용하도록 하는 것은 정부의 지명관리 기능 중 하나라 할 것이다.

지명의 표준화
원칙과 절차에 의한 권위 부여

중랑교와 인왕산의 사례에서 보듯, 지명은 정부기관의 고시를 통해 공식적인 권위를 부여받는다. 이러한 과정을 '지명의 표준화'라고 한다. 유엔지명전문가그룹은 '지명의 표준화(standardization)'를 "권위 있는 적절한 기관에 의해서, 지명의 통일된 표현을 위해 일련의 특수한 표준과 규범을 설정하는 것, 또는 지명을 그러한 규범에 부합하도록 만드는 것"으로, '표준화된 지명(standardized name)'을 "주어진 실체에 대한 여러 별칭 지명 중에서 선호되는 지명이라고 지명기구로부터 인정된 이름"이라 정의하고 있다(유엔지명전문가그룹, 2002: 28, 36).

이 정의에 따르면, 중랑교는 현재 더 많이 사용되는 지명을 선정하는 표준화의 원칙에 의해 별칭인 '중량교'에 우선하여 서울시에 의해 인정된 표준화된 지명이다. 인왕산(仁王山)은 주민들이 선호하는 지명을 선정하는 표준화의 원칙에 의해 별칭인 '仁旺山'에 우선하여 중앙지명위원회에 의해 인정된 표준화된 지명이다.

지명의 표준화는 의사소통과 지칭의 수단으로서 갖는 지명의 고유한 기능에 주목한다. 지명은 개인 또는 집단의 장소 인식으로부터 특별한 의미를 갖고 만들어지지만, 그 지명 바깥에 있는 타인들에 의해 빈번하게 사용되며 때로는 다른 나라의 이질적인 집단에 의해 다른 언어로 일컬어지기도 한다. 지명의 사용자로서 중요한 것은 객관적인 원칙과 절차에 의해 공식적으로 인정된 통일된 형태의 지명이다. 지명 연구의 선구자인 이스라엘의 캐드먼(Naftali Kadmon) 교수는 이렇게 표준화된 지명이 구두 대화에서뿐만 아니라 문서, 지도, 컴퓨터와 같은 각종 매체를 통한 소통에 있어 편의성과 정확성을 증진시킬 수 있다고 했다(Kadmon, 1997: 187~189).

지명 표준화의 중요한 요소는 여러 개의 별칭으로부터 하나의 지명을 선택하는 것이다. 전남 고흥군 주민들이 '꽃섬' 또는 '작은돈배섬'이라 부르는 작은 무인도에 대해 '꽃섬'을 택한 것, 경기도 화성시의 산 이름 '함백산(咸白山)'과 '함박산(咸朴山)' 중에서 '함박산'을 택한 것이 사례다.* 새로 건설되는 인공 시설물에 대해 여러 제안이 있을 때 하나를 택하는 것도 이에 포함된다. 전남 고흥군과 여수시를 연결하는 연륙교를 '팔영대교'와 '적금대교' 중에서 '팔영대교'로 표준화한 것이 이 경우의 사례다.

우리나라 지명에서는 중랑교, 인왕산, 함박산과 같이 음이 비슷하거나 같은 한자어 중에서 하나를 택하는 것도 중요한 지명 표준화의 요소가 된다. 특정 의미를 피하려는 동기에서 한자의 변경 제안이 이루어지기도 한다. 충북 음성군에 있는 '원통산(怨慟山)'이 '원망해 서럽게 울다'라는 뜻이 있어 주민들이 변경을 원했고, 그 제안을 받아들여 '원활하게 통한다'라는 의미의 '원통산(圓通山)'으로 변경한 것이 사례다.** 일제의 잔재를 제거한다는 의미의 인왕산 경우도 마찬가지다.

로마자 언어 지명의 경우는 스펠링, 발음 구별 부호, 띄어쓰기, 붙임표 등이 표준화의 요소가 될 수 있다. 덴마크, 노르웨이, 스웨덴 사이에 있는

---

* 경기도에서는 주민들이 더 많이 쓴다고 조사된 '함백산'으로 제안했으나, 국가지명위원회에서는 주민조사에 문제가 있고 '함박산'이 더 큰 역사적 타당성이 있다고 보아 이를 받아들이지 않았다. 이후 경기도는 다시 '함박산'으로 수정 제안했고 이 이름으로 확정되어 최종 고시되었다. '함박산'은 밀양 박씨의 집성촌임을 나타내는 의미로 오랫동안 사용된 지명이다.

** 『한국지명유래집』은 고도 656m의 이 산이 『대동지지』와 『음성읍지』에는 원통산(圓通山)으로, 『여지도서』를 비롯한 여러 고지도에서는 원통산(元統山)으로 기록되어 있다고 밝히고 있다. 따라서 원통산(圓通山)으로 바뀐 것이 원래 이름을 회복한 것이라는 해석이 가능하다.

Skagerrak, Skagerak, Skagerack

북유럽의 덴마크, 노르웨이, 스
웨덴 사이에 북해(North Sea)에서
갈라진 만은 스카게라크 해협(Ska-
gerrak)과 카테가트 해협(Kattegat)
이라 불리고 있다. 여기서 'rak'와
'gat'는 네덜란드어에서 기원한 말
로서 각각 '직선'과 '구멍'을 의미하
는데, 하나의 속성 지명으로서 직
선형의 물길, 목구멍 모양의 물길
이란 의미로 사용된다. 우리말로는
반복해서 '해협'을 붙여 사용한다.

이 바다의 이름이 문헌에 처음
등장한 것은 1051년 덴마크 왕에게
바쳐진 시(詩)였고 이때의 이름은

자료: 『위키피디아』.

덴마크의 유틀란트(Jutland, 덴마크어로는 Jylland – '윌란'이라 발음함)에서 따
와 유트란트해(Jutland Sea)라 하였다. 17세기 들어와 네덜란드인들은 이 바다를
유틀란트반도 끝에 있는 마을 스카겐(Skagen)의 이름에서 착안한 '스카게라크'
와 고양이 목구멍이라는 뜻의 '카테가트'로 분리해 부르기 시작했고 이 이름은 이
지역에 정착하게 되었다.

그런데 문제는 스카게라크의 스펠링. 덴마크는 Skagerrak, 노르웨이는 Skage-
rak, 스웨덴은 Skagerack으로 각각 달리 표기해 왔던 것이다. 문제제기는 1967년
노르웨이에서 시작했다. 처음에는 노르웨이가 하나의 'r'이 옳은 형태라 하여 물
러서지 않을 기세였으나 스웨덴이 덴마크의 손을 들어주면서 문제는 새로운 국
면을 맞았다. 결국 1972년 10월, 두 개의 'r'을 쓰는 'Skagerrak'을 노르웨이 교육
부에서 승인하면서 이 이름이 공통의 표준 이름으로 채택되었다. 이를 속칭하여
'노르딕 협약(Nordic Agreement)'이라 부른다.

자료: Gammeltoft, 2016: 147~158.

영국 잉글랜드 동북부에서 동쪽 북해(North Sea)로 흘러가는 두 개의 중요한 물줄기가 타인강과 트위드강이다. 이 강을 끼고 발전한 도시가 각각 뉴캐슬어폰타인(Newcastle upon Tyne)(①)과 베릭어폰트위드(Berwick-upon-Tweed)(②)이다. 뉴캐슬은 1080년 지어진 새로운 성을 가리키는 것이었고, 베릭은 보리마을(barley village)이라는 뜻을 지녔다. 뉴캐슬에는 새 천년을 맞으면서 지은 인도교 밀레니엄다리가 '타인강의 뉴브릿지(New Bridge upon Tyne)'로 사람들을 맞이한다. 이 두 도시 중간이 있는 작은 해안 마을 시하우지스(Seahouses)(③)는 어업 관련 창고 건물이 해안에 죽 늘어져 있어 붙여진 이름이라고 한다. (2017. 6.)

스카게라크 해협이 각 나라에서 Skagerrak, Skagerak, Skagerack으로 달리 표기되다가 Skagerrak으로 표준화된 사례가 있다. 캐나다의 도시 퀘벡은 영어로 표기할 때는 Quebec이지만 같은 공용어인 프랑스어로는 Québec 이라 써야 표준화된 지명이 된다. 마찬가지로 스위스의 도시 제네바는 프랑스어로는 Genéve, 독일어로는 Genf, 이탈리아어로는 Ginevra가 표준화된 지명이다(이 세 언어가 스위스의 공식 언어다). 남아프리카공화국의 케이프타운은 Cape Town으로 띄어 써서 두 단어로, 영국의 뉴캐슬어폰타인은 Newcastle upon Tyne으로 띄어 써서 세 단어로, 베릭어폰트위드는 Berwick-upon-Tweed로 붙임표를 사용해서, 시하우-지스는 Seahouses로

한 단어로 표기하는 것이 표준화된 형태다.

　인간 거주 공간의 지명이 거의 완비된 현 시점에서 표준화의 수요가 가장 많이 등장하는 곳은 새롭게 건설되는 인공 시설물과 행정구역의 이름, 그리고 바닷속이나 남극대륙과 같이 아직 개척 중에 있는 지역의 이름이다. 교량, 터널과 같은 인공 시설물의 경우 지방자치단체 간에 이해가 있는 경우에는 여러 개의 지명이 제안되어 그중의 하나를 선택해야 하지만, 단일 지명의 제안이 이루어지는 경우가 많다. 이러한 관점에서 표준화된 지명이 "여러 별칭 중에서 지명기구로부터 인정된 지명"이라는 유엔지명전문가그룹의 정의는 현재 수정을 고려하고 있다.

　해저 지명의 경우는 먼저 제안되어 공식적으로 인정된 표준화된 이름이 기득권을 갖고 사용되는 반면, 남극대륙의 지명은 각국이 제안하는 지명을 모두 데이터베이스에 담는다. 1959년 채택된 남극조약에 따라 영유권에 인정되지 않는 남극에서 누구나 과학 조사와 연구를 할 수 있도록 했기 때문이다. 해저 지명을 표준화할 때는 속성 지명을 택하는 것이 매우 중요한 문제가 되는데[예를 들어 해산인지, 구릉인지, 흙무더기 또는 퇴(堆)인지 등], 이것은 해저지형학과 해저지구물리학의 지식이 총동원되는 매우 과학적인 작업의 과정으로 이루어진다.

생명을 좌우하는 지명 표준화

　유엔인도지원조정국(United Nations Office for the Coordination of Humanitarian Affairs: OCHA)은 다양한 주체들이 협력하여 전 세계적인 재난 상황에 대처하기 위해 설립된 유엔 산하 기구다. 이 기구가 전개한 두 가지 지원

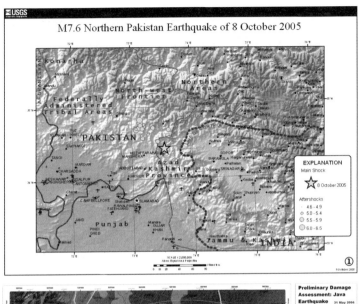

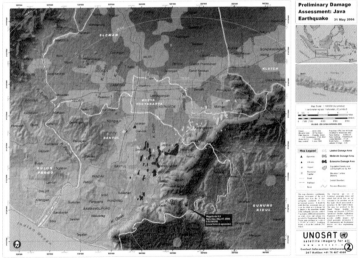

2005년 파키스탄 카슈미르의 지진과 2006년 인도네시아 자바섬의 지진은 그 사후 조치에 있어 표준화된 지명 정보가 얼마나 중요한지를 대조적으로 보여준다. 미국지질자원국(USGS)이 제공한 도면(①)은 카슈미르의 지진 발생 지점(여진 포함)을 보여주며, 유엔훈련조사연구소(UNITAR)가 운영하는 위성영상분석 프로그램(UNOSAT)이 제공한 도면(②)은 자바섬의 지진피해 예비조사 결과를 보여준다. 자바섬의 경우, 표준화된 지명을 포함한 상세 지리정보로 인해 피해규모를 바로 산정할 수 있었다. (자료: USGS, UNITAR)

활동의 사례는 지명 표준화의 중요성을 말해준다(Ulgen and Williams, 2007).

2005년 10월, 파키스탄 북부 카슈미르 지역에 강도 7.6의 지진이 발생했다. OCHA는 피해를 받은 주민들에게 구호 물품을 전달하려 했는데, 문제는 이들이 흩어져 있는 곳이 어딘지를 정확히 파악하기 어렵다는 점이었다. 마을에 대한 통계나 지도가 없었고 좌표는 당연히 없었다. 가장 기초 자료인 표준화된 지명과 지명 목록이 없었던 것이 근본적인 어려움을 낳았다. 결국 구호물자의 전달은 늦어질 수밖에 없었고 주민들은 생명의 위협 가운데 있었다.

반면 2006년 5월, 인도네시아 자바섬에서 발생한 지진(강도 6.4) 이후의 구호 활동은 매우 효율적으로 진행되었다. 지도에 지명이 상세히 표기되어 있고 이들이 지리정보시스템으로 통합되어 쉽게 사용할 수 있는 형태로 존재했다. 표준화된 지명이 있었을 뿐 아니라 이를 공유할 수 있는 체제도 갖추고 있었다. 구호에 나선 국가들이 인도네시아의 지명 데이터베이스를 이용해 대상을 쉽게 찾을 수 있게 하는 협력 체제가 구비되어 있었던 것이다. 섬이 많은 인도네시아는 식민 지배를 했던 네덜란드의 영향으로 일찍이 지도학이 발달했고 지리정보로서 지명을 체계적으로 관리해 온 것으로 유명하다. 지명의 표준화는 이와 같이 때로는 생명을 좌우하기도 한다.

지명의 표준화는 다양한 혜택을 준다. 일상대화, 문서, 책, 지도, 방송, 신문 등 모든 매체에서 표준화된 지명은 편리하고 정확한 소통을 가능하게 해준다(기술적 혜택). 컴퓨터와 스마트폰 사용이 보편화된 현대사회에서는 특히 그렇다(친절한 인터넷지도 또는 검색엔진에서는 어떤 객체에 대해 달리 부르는 지명을 입력해도 표준화된 지명으로 안내한다). 여러 개의 별칭을 지도나 표지판에 표기할 때 소요되는 비용을 절감해 준다(경제적 혜택). 표준화된 지명의 대상이 되는 사회집단의 동질성과 정체성을 증진시키며, 외부와의 교류도 활발하게 해줄 수 있다(사회적 혜택). 궁극적으로는 지명에 담긴 문화유산을 보전하고 전수하는 데에 도움이 된다(문화적 혜택)(이 네 가지 혜택의 제목은 Kerfoot, 2010에서 인용함).

유엔지명전문가그룹은 효율적인 업무를 위해 표준화된 지명을 필요로 하는 기관 또는 집단을 다음과 같이 제시한다(유엔지명전문가그룹, 2007: 15). 우리 주변에 있는 공공기관이 대부분 포함되는 것을 알 수 있다.

- 지도 제작자와 국토조사기관
- 행정서비스를 제공하는 지방자치단체와 지역기관
- 토지소유 관계를 다루는 등기기관
- 유물, 자연보호구역, 국립공원 등 자연문화유산을 보존하고 행정 업무를 행하는 기관
- 인구 밀집 지역의 조사와 통계를 담당하는 통계 부서
- 관광 명소, 호텔, 레스토랑 등을 활용하여 국내외 관광객들을 유치하려는 관광공사
- 안내 표지판을 설치하는 공공기관
- 내비게이션 사용자와 제작자
- 특정 장소로 신속히 출동해야 하는 경찰, 군대, 구조대, 소방관
- 자연재해를 통제하고 재난 구조를 담당하는 기관
- 세계 곳곳에서 발생하는 일을 보도하는 미디어
- 해외에서 브랜드 가치를 증진시키고자 하는 기업
- 도메인 이름을 생성시키거나 지리정보를 검색하는 인터넷 사용자

지명 표준화의 시작, 한 국가 내 표준화

2017년 6월, 국가지명위원회는 전라남도 완도군에 있는 상황봉(象皇峰)을 상왕봉(象王峰)으로 변경하고, 이를 포함한 다섯 개의 봉우리(나머지는 심봉, 업진봉, 숙승봉, 백운봉)를 통칭하는 산의 이름을 상왕산(象王山)으로 최종 확정하여 새로운 표준화 지명으로 고시했다. 대동여지도에 표기된 '상왕산'의 역사성을 인정하고 각 봉우리의 이름을 아우르는 산의 이름이 필요하다는 전라남도지명위원회의 제안이 타당하다고 본 결과였다.

지명의 표준화는 한 국가의 지명관리기관이 정해진 원칙과 절차에 의해 어떤 지명을 제정하고 그 나라의 공식 언어로 어떻게 표기하는지 고시하는 것으로 시작한다. 공식 언어가 두 개 이상인 경우에는 각 언어에 대해 표준화된 형태를 규정하며, 우리나라의 경우 한자 표기를 함께 공표하기도 한다. 좀 더 친절하게 한다면 다른 언어로의 표기 방법(대표적으로 로마자 표기)도 표준화의 대상이 된다.

각국은 지명관리기구를 운영하여 지명 표준화를 담당하게 하고 있다. 미국과 캐나다는 지명위원회에서 지명 표준화의 원칙과 절차를 정하고 이에 따라 국내 지명의 제정 또는 변경을 최종 확정한다. 이렇게 정해진 지명은 거대한 데이터베이스에 수록하여 관리한다. 각 위원회는 지명과 관련된 연방정부 각 부처의 대표가 참여하며, 캐나다는 각 지역의 대표도 참여한다.

우리나라는 국가지명위원회가 지명의 제정과 변경에 대한 제안을 검토하여 최종 확정하며, 관련된 지명관리 업무와 데이터베이스의 운영은 국토지리정보원과 국립해양조사원이 담당하도록 하고 있다. 그러나 이에 해당하는 지명은 자연 지명(해양 지명 포함), 그리고 인공 지명의 일부이며,

지명의 표준화와 관리를 담당하는 각국의 지명기구

유엔지명전문가그룹에 따르면, 98개 국가에서 독자적인 지명관리기구를 운영하고 있다(2021년 3월 현재). 각국은 정치적·사회적·문화적 특성에 따라 독특한 형태의 조직, 기능, 권한을 규정하고 있지만, 합의된 원칙에 근거하여 지명을 표준화하고 관리한다는 공통점이 있다. 필요에 따라 지명 목록집을 발간하거나 지명 데이터베이스를 운영하기도 한다.

미국은 연방정부의 관련 부처가 참여하는 지명위원회(United States Board on Geographic Names: USBGN)가 담당한다. 국내 지명과 해외 지명을 다루는 각 위원회, 두 개의 자문위원회(남극 지명, 해저 지명), 그리고 이를 총괄하는 실행위원회로 구성된다. 1890년에 설립된 이 기구는 연방정부의 공문서와 지도에서 사용하는 지명을 통일하여 혼란을 방지하는 것이 목적이었다. 그러나 이 기구에서 운영하고 있는 지명 데이터베이스는 전 세계에서 중요한 참고 자료가 되는 만큼 큰 영향력을 갖고 있다.

미국지명위원회는 홈페이지 첫 화면에서 국내 지명, 해외 지명, 남극 지명 검색이 가능한 데이터베이스로 안내한다(좌). 해외 지명 데이터베이스에 동해는 'Sea of Japan', 독도는 'Liancourt Rocks'가 관용 지명으로 되어 있어 문제가 된다(제8장 참조)(우). 지명위원회는 지질자원국(USGS), 해외 지명 데이터베이스는 국가정보국(NGI)이 관리한다. (접속 2015년 10월)

캐나다는 1897년에 설립된 지명위원회(Geographical Names Board of Canada: GNBC)를 두고 있다. 자원개발지역이 확대되고 이주민이 증가하면서 대두된 지명

표준화의 필요성이 설립 동기였다. 연방정부 부처뿐 아니라 각 주(Province)의 대표가 참여해 지명의 사용, 스펠링, 적용에 의견을 개진하는 체제로 운영된다. 35만 개의 국내 지명이 수록된 데이터베이스를 운영하고 있다.

우리나라의 국가지명위원회는 1981년 건설부 소속으로 설립된 중앙지명위원회(전신은 1958년 설립된 국방부 소속 중앙지명제정위원회)와 2002년 해양수산부 소속으로 설립된 해양지명위원회가 통합되어 2010년 출범했다. 당시 두 부처의 통합이 영향을 미쳤는데, 2013년 부처가 분리된 이후에도 하나의 위원회로 기능하다가, 2021년에 해양 지명을 해양수산부가 직접 관리하는 것으로 변경되었다. 현재 국토지리정보원이 자연 지명과 인공 지명의 제안을 접수하여 위원회의 최종 결정을 거쳐 고시한다. 2020년까지 표준화, 고시된 지명은 자연 지명 및 인공 지명 15만 4000여 개, 해양 지명 1100여 개에 달한다.

우리나라 국가지명위원회는 분기별 회의를 개최하여 제안된 지명을 심의·결정한다. 필자는 2010년부터 2022년까지 위원직(2016~2022 위원장)을 수행했다.

이밖에 영국지명위원회(Permanent Committee on Geographical Names: PCGN)는 영국 정부의 해외 지명 사용을 위한 가이드라인을 제공하기 위한 목적으로 존재한다(1919년 설립). 국내 지명은 측지청(Ordnance Survey)에서 관리하지만, 지도에 실린 지명만 다루며 각 지역이 자율적으로 관리하는 체계를 갖고 있다. 일본은 우리나라와 비슷한 형태의 지명 표준화 공동위원회를 두고 있다(1960년 설립).

행정 지명과 도로명주소는 행정안전부에서, 문화재 이름은 문화재청에서, 개별 인공시설 명칭은 담당 관리 기관에서 다룬다.

한 국가에서 영유권 내의 지형물에 대해 표준화한 지명은 국제적으로 그대로 인정된다. 문제가 되는 것은 언어 간 표기의 전환인데, 로마자 표기의 경우 유엔이 인정한 표기법대로 쓰는 것이 원칙이다. 한글의 경우 북한과의 표기법이 통일되지 않아 유엔으로부터 인정받은 단일 표기법은 없지만, 2000년 도입한 표기법이 영미권에서 점차 확대 수용되는 추세에 있다. 속성 지명의 표기는 각국이 표기의 가이드라인을 제시하도록 권고하고 있는데, 우리나라의 경우 산, 강, 섬 등은 번역하지 않고 로마자를 그대로 쓰도록 하고 있다. 이에 따르면 설악산은 'Seoraksan', 낙동강은 'Nakdonggang', 울릉도는 'Ulleungdo'가 된다(제12장 참조).

영유권이 미치지 않는 곳에서 필요한 지명의 국제 표준화

지명의 국제적 표준화가 필요한 부분은 영유권이 미치지 않는 곳에 위치한 지형물이다. 대표적으로 공해인 바다, 공해 바닷속 지형, 그리고 남극대륙이다. 이들 지명의 표준화를 담당하는 국제기구가 각각 국제수로기구(IHO), 해저지명소위원회(SCUFN), 남극과학위원회(Scientific Committee on Antarctic Research: SCAR)이다. 전 세계 바다의 경계와 이름을 표시한 IHO의 『해양과 바다의 경계』는 표준화 문서라기보다 항해자와 출판사를 위한 가이드라인이었다. 이 책자에 동해 수역이 'Japan Sea'로 표기된 것이 큰 관심사항이었으나, 이제는 명칭 대신에 숫자로 된 식별자를 사용하는 디지털 문서가 개발되고 있어 첨예한 대립은 사라질 전망이다.

우리나라는 SCUFN과 SCAR의 지명 표준화와도 인연을 맺고 있다. 제3장에서 언급했듯이 우리나라는 2007년 이래 2021년까지 동해와 인근 해역, 태평양, 그리고 남극 해역에서 61개의 해저 지명을 제안하여 국제적으로 표준화시키는 데에 성공했다. SCAR에도 27개의 지명을 제안해서 통용시키고 있다. 이들 지명은 국제기구에의 제안에 앞서 모두 국가지명위원

블루 오션, 해양 지명의 표준화

바다의 이용과 탐사의 역사가 다른 나라에 비해 상대적으로 짧은 우리나라는 해양 지명에 관심을 갖고 표준화 활동을 전개하는 것도 늦었다. 해양 지명은 바다 위 해양 지형물, 즉 '해', '만', '해협' 등에 대한 해상지명과 바닷속 해산, 계곡, 분지 등에 대한 해저 지명으로 나뉜다. 해상지명은 그 숫자도 많지 않고 오랫동안 사용되어온 것이 많아 중요한 표준화의 대상으로 인식되지 못하다가 최근에야 공식적인 표준화의 절차를 거쳐 고시되는 경우가 많았다. 예를 들어 이미 지리부도에서 보아왔던 서해안 태안반도와 안면도 인근의 천수만과 가로림만은 2011년 11월에 이르러서야 공식 위상을 부여받은 표준화된 지명으로 고시되었다.

그러나 바닷속 지형물에 대한 지명, 즉 해저 지명은 아직 표준화의 대상이 많이 남아 있는 블루오션의 영역이다. 그 하나의 그룹은 연안지역에서 발견되는 바닷속 암초다. '초(礁, reef)' 또는 '여'라 불리는 이들은 만조 때에는 물 밑으로 가라앉아 있다가 간조 때에만 보이는데, 안전한 해상운항을 위해 주의가 필요한 대상이었고, 따라서 상호 소통을 위한 이름이 필요했다. 최근 붙여진 해양 지명 중에서 이들은 큰 비중을 차지했다.

또 하나의 그룹은 영해 바깥에 있는 해저 지형에 대한 지명 제정이다. 이것은 국제적 협의체인 해저지명 소위원회(Sub-Committee on Undersea Feature Names: SCUFN)에서 이루어지는데, 1975년부터 활동해 온 이 기구는 전 세계 바닷속 지명 4700여 개를 표준화하고 그 데이터베이스를 운영하고 있다. 우리나라는 비로소 2007년부터 등재를 시작했는데, 초기에는 인근 해역의 지명을 제안하다가 2009년부터 그 영역을 태평양과 남극 해역으로 확대하고 있다.

〈도표 5-1〉 우리나라의 제안으로 SCUFN에 등재된 해저 지명

연도	한국 인근 해역	태평양, 남극 해역
2007	안용복해산, 강원대지, 후포퇴, 이규원해저융기부, 김인우해산, 온누리분지, 새날분지, 울릉대지, 우산해저절벽, 우산해곡	
2008	죽암해저융기부, 울산해저수로, 우산해저융기부, 왕돌초, 가거초, 제주해저계곡, 갈매기초, 새턱퇴	
2009		장보고해산, 아리랑평정해산, 온누리평정해산, 백두평정해산
2010		해미래놀, 급수선놀, 연평정해산, 포작선놀, 올챙이놀, 허황후평정해산, 풍뎅이놀, 가락지놀, 청해진해산
2011	강릉해저협곡, 동해해저협곡	궁파해저구릉군, 쌍둥이해저구릉군
2012	옹진분지, 병풍해저절벽	맷돌놀, 봉수대놀
2013	전라사퇴지형구	돌고래해저구릉군, 가마솥놀, 꽃신놀
2014		패랭이 해저놀, 항아리 해저놀
2015		달팽이놀, 고깔 해저구릉, 마이산해저구릉군
2016		첨성대구릉, 쌍촛대구릉
2017	울진해저구릉, 왕돌해저협곡	설악해산, 삿갓해산
2018	울진해저협곡	해달해산군, KIOST해산
2019		새나래해저융기부, 돌개해저구릉
2021	울진해저구릉, 왕돌해저협곡	KOPRI해산, 정약전해산
계	26	35

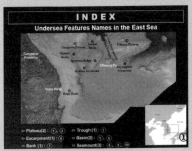

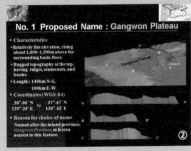

우리나라는 2007년부터 우리의 지명(강원, 울릉, 강릉, 동해 등), 인물(안용복, 이규원, 장보고, 궁파 등), 전통 유산 및 고유사물의 이름(아리랑, 가락지, 첨성대 등)을 활용한 해저 지명을 제안하여 국제기구인 해저지명 소위원회에 등재하고 있다(<도표 5-1>). 해저 지명의 제안은 고유 지명과 더불어 속성 지명(해산, 분지, 해곡, 해조수로 등)의 정당성을 인정받아야 하는 매우 과학적인 탐사와 연구를 필요로 하는 과정이다. 이 자료는 2007년 처음으로 동해 해저 지명을 제안했을 당시 제시했던 범례와 강원대지에 대한 분석 도면이다(①②).

우리나라는 2011년 17개, 2012년 10개의 지명을 SCAR가 운영하는 남극지명사전에 등재했다. 그 이름은 한국에 있는 지명을 이식하거나(인수봉, 아우라지 계곡, 우이동 계곡, 울산 바위, 세석 평원, 마포항, 해운대 비치), 모양을 서술하여(미리내 빙하, 부리곶, 반달곶, 삼각봉) 제정했다. 우리 세종기지대원들이 이 이름을 부르면서 향수를 달랠 수 있다면 지명이 주는 혜택으로 '힐링'을 추가해야 할 일이다. 남극지명사전에는 이미 22개 국가에서 등록한 지명 3만 9000여 개가 수록 되어 있다. ① 인수봉, ② 세석평원, ③ 우이동 계곡, ④ 부리곶, ⑤ 마포항, ⑥, 미리내 빙하. (자 료: 국토지리정보원)

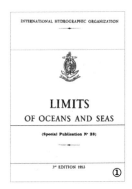  

국제수로기구가 발간하는 『해양과 바다의 경계』는 전 세계 바다의 경계와 이름을 표시한 매우 유용한 책자지만, 1953년 제3판 이래 개정판을 내지 못하고 있었다(①). 'Japan Sea'로 되어 있는 동해수역에 'East Sea'를 병기하자는 한국의 제안이 받아들여지지 못하는 것이 가장 큰 걸림돌이었다. ②, ③은 이 책자의 초판(1929년 출판)을 준비하면서 1923년에 처음 제작된 도면을 보여준다. 40번 바다가 영어와 프랑스어로 Japan Sea와 Mer du Japon으로 표기되어 있다(④). 2020년 11월 IHO 총회는 명칭 대신에 숫자로 된 식별자를 사용하는 디지털 문서로 이 책자를 대체하기로 결정하여 새로운 전기를 마련했다. (자료: International Hydrographic Organization, 1953; 도면은 IHO 서고 보관 도면을 촬영함. 2010. 8.)

회의 승인을 받은 것들이다. 지명의 국제적 표준화도 결국은 국가 지명관리기구의 표준화로부터 시작한다는 것을 알 수 있다.

기다림이 필요한 인물 이름의 사용

지명 표준화에도 원칙이 있다

인물의 이름을 이용해 지명을 붙이는 것은 거의 모든 사회에서 관찰되는 오랜 관행이다. 그 인물을 기념하고 닮고자 하는 장소 인식과 그 인물을 통해 공유하는 지역의 정체성을 나타낸 것이라 할 수 있다. 그러나 지명은 권력의 표현인 만큼 권력자의 의도가 들어간 인물명이 사용될 수 있고, 이는 때로 사용자에게 불편함을 끼칠 수 있다.

위례신도시 인근에 신설된 서울지하철 8호선 정차역은 '남위례역' 명칭을 부여받았다(③). 이승만 초대 대통령의 호를 딴 '우남역'과 대안으로 등장했던 '위례역'은 인근 아파트 단지에 흔적을 남겨놓았다 (①, ②). (2020. 2.; 2022. 1.)

   서울지하철 8호선이 서울 동남부 위례신도시 인근에 신설을 계획했던 정차역은 2021년 12월이 되어서야 완공되었다. 신도시를 설계할 때 이 역은 '우남역'이라 불렸는데, 이는 이곳을 지나는 길 우남로(지금은 헌릉로로 바뀜)에서 온 것이었다. 성남시 기록에 따르면 1953년 9월 남한산성을 방문한 이승만 대통령이 남한산성 수축(修築)을 지시한 이후 이 도로를 개설해 1955년 6월 그의 호를 따서 우남로(雩南路)로 개통했다(연합뉴스, 2017.2.2.). 당시 생존 인물의 이름으로 도로명을 지었고, 그 흔적이 60여 년 후 지하철역 이름으로 나타난 것이다.

   그러나 이승만 대통령에 대한 엇갈린 평가는 역 이름에 논쟁을 불러 일으켰고, 대안으로 '위례역'이 제안되기도 했다. 결국 이 역은 '남위례역'이라는 명칭을 부여받았다. '위례역'은 신도시를 관통하는 곳에 신설될 역을 위해 남겨두기 위함이었다.

   권력을 가진 자에 의한 지명 변경은 그 권력에 변화가 있을 때 또 다시 바뀔 가능성이 크다. 공산주의 사회에서 흔히 사용하는 지도자 이름을 딴 지명은 사회적 합의 없이 붙여졌다가 권력의 쇠퇴 후 다시 원래의 형태로 돌아가기도 한다. 러시아 도시 상트페테르부르크는 '레닌그라드'로 불리다가 원래의 이름으로 환원되었고, '스탈린그라드'로 불리던 도시(원래 이름은 '차리친')는 볼가강의 도시 '볼고그라드'('그라드'는 슬라브어로 마을 또는 도시라는 뜻)라는 새 명칭을 부여받았다(주성재·진수인, 2020). 남아프리카공화국에서는 백인 세력이 물러간 후 원주민 지명으로 바꾸는 사업이 대대적으로 일어났다. 정체성을 되찾는 것은 의미 있는 일이었으나 사용자로서는 혼란을 면하기 어려웠다.

인물에 대한 평가가 다르기 때문에 인명을 사용한 지명이 어떤 사람에게는 불편을 줄 수 있다는 사실은, 각 나라의 지명 표준화에 있어 인물을 기념하는 지명 제정에 신중을 기할 것을 중요한 원칙으로 삼도록 하고 있다. 유엔지명회의는 생존 인물의 이름 사용을 자제할 것과 인물을 기념하는 지명을 채택하기 위해 사후 어느 정도의 기간을 유예할 것인지[이를 '기다리는 시간(waiting period)'이라고 함] 각국이 명확한 규정을 둘 것을 권고한

지명 표준화에서 고려할 원칙은 각국의 지명관리기구에서 규정하고 있다. 미국과 캐나다는 지명위원회에서(①, ②), 우리나라는 자연 지명과 인공 지명은 국토지리정보원, 해양 지명은 국립해양조사원이 발간한 책자(③, ④)를 통해 그 원칙을 제공한다.

다. 이 권고에 따라 각국은 인물을 기념하는 지명 표준화의 원칙을 정하고 있는데, 우리나라는 '사후 10년'이라는 기간을 설정하고 있다.

인명 사용에 대한 원칙을 포함하여 각국의 지명관리기구에서는 합리적인 지명 표준화를 위한 원칙을 규정해 놓고 있다. 우리나라 국토지리정보원이 발행한 『지명 표준화 편람(제3판)』(2018)은 지명 표준화의 세 가지 기본 원칙하에, 채택에 우선순위가 있는 지명, 배제할 지명, 인명 사용 시 고려할 점, 그리고 지명 제정 절차 관련 규정을 제시한다. 유엔지명회의는

인물을 기념하는 지명 제정과 관련된 표준화 원칙

■ 유엔지명표준화총회(UNCSGN): 결의문 VIII/2(2002)
  • 지명 제정에 인물명을 사용하는 것은 그 인물 생존 시에는 자제할 것
  • 인물을 기념하는 지명을 사용하기 전에 어느 정도의 유예기간을 가질 것인지 각국이 분명한 규정을 제시할 것
■ 국제수로기구(IHO)·정부간해양학위원회(IOC): 해저지명 표준화 지침(B-6)(2013)
  • 생존 인물의 이름은 일반적으로 받아들여지지 않음(유엔지명표준화총회 결의에 의거)
  • 아주 드물게 해양과학에 뛰어나거나 근본적인 공헌이 있는 생존 인물의 이름 사용 가능
■ 미국: 『국내 지명 표준화의 원칙, 정책, 절차』(2016)
  • 사후 5년 이상 지난 인물을 기념하는 지명 표준화 제안만을 수용함
  • 기념하는 인물은 지명 제정의 대상과 직접적인 또는 장기적인 연관이 있거나 그 지역에 상당한 공헌이 있어야 함. 단, 뚜렷하게 국가적 또는 국제적으로 인정되는 인물은 제외함
  • 현존하는 인물 기념 지명은 강력한 정당성이 제시되지 않는 한 변경 또는 삭제되지 않음
■ 캐나다: 『지명 제정의 원칙과 절차』(2011)
  • 개인의 이름 사용에 공공이 인정하지 않는다면 지명으로 채택될 수 없음

지명 표준화에 있어 각국이 공통적으로 고려할 사항을 결의문(resolution) 또는 권고문의 형식으로 채택한다.

각국이 적용하는 지명 표준화 원칙에는 공통된 점이 많다. 유엔이 권고하는 원칙을 기반으로 하며 각국의 경험을 참조하기 때문이다. 공통된 지명 표준화의 주요 원칙은 다음과 같다.

• 하나의 객체에 하나의 표준 지명을 지정한다.

- 기념하는 인물은 그 대상이 위치한 지역에 상당한 기여가 있어야 하며 그 이름은 일반적으로 사후에 부여되어야 함. 생존 인물 이름의 채택은 예외적인 경우에 한해서 이루어짐
- 토지를 소유하고 있다는 것이 자신의 이름을 지명에 사용하는 근거가 되는 것은 아님. 그러나 그 지역에서 일반적으로 사용되는 지명이 인물의 이름으로부터 유래된 경우에는, 인물의 생존 여부와 상관없이 오랫동안 사용된 지명에 우선권이 부여된다는 원칙이 적용됨
- 오스트리아: 오스트리아 지명위원회 권고(논의 중), 빈(시) 내규(2016)
  - 인물의 생존 중에는 사용할 수 없으며, 사후 5년 이상의 유예기간이 적절할 것임(빈은 1년)
  - 역사적으로 남성과 여성 인물의 비율이 불균형이므로 여성 인물의 이름 사용을 지지함
  - (빈시 내규) 인물은 빈과 관련이 있어야 함(지명 대상의 위치와 일치할 필요 없음)
- 핀란드: 헬싱키 지명위원회 내규(2004)
  - 인물의 경우 사후 5년의 유예기간 후에 그 이름을 지명에 사용할 수 있음
- 한국: 『지명표준화편람(제3판)』(2018)
  - 생존 인물의 이름은 배제함
  - 지역 주민이 선호하고 특별한 반대가 없는 경우, 지역과 관련된 사후 10년이 경과된 인물의 이름을 지명으로 사용할 수 있음

- 현지에서 현재 불리는 지명을 우선 채택한다.
- 간결하고 사용에 편리한 지명을 택한다.
- 어원이 불분명한 합성어 지명은 배제한다.
- 생존 인물의 이름 사용은 배제하며, 사후 일정 기간이 지난 후 고려한다.
- 상업적 이용을 위한 지명은 배제한다.
- 한번 사용된 지명은 상당한 근거가 있지 않은 이상 변경하지 않는다.
- 불합리하게 변경된 지명, 혐오감을 주는 지명, 언어 문제가 있는 지명은 적극 개정한다.
- 각 언어의 표기 기준을 준수한다(한글 맞춤법, 각 언어의 문자 표시 부호 등)

팔영대교와 김대중대교

상향식 지명 제안의 맹점

지명관리기구가 주체가 되어 지명을 표준화하는 경우에는 지도나 현지 조사를 통한 지명 수집의 과정으로부터 시작하기도 하지만(예를 들어 우리나라 해양 지명 표준화의 경우), 대부분의 지명 표준화는 하위 기구의 제안을 차상위 기구가 심의하여 수용하는 형태로 이루어진다. 우리나라는 시·군·구 기초지방자치단체의 제안을 시·도 광역자치단체가 심의하고, 그 제안 지명을 다시 국가지명위원회가 심의하여 최종 확정한다.

단일 자치단체가 주민의 의견을 수렴하여 지명을 제안하는 경우는 문제되지 않으나, 여러 개의 지방자치단체가 다른 의견을 갖고 있을 때는 해결하기 쉽지 않은 문제가 발생한다. 특히 여러 지방자치단체를 연결하는 인공 지형물의 이름 제정에 갈등이 있는 경우가 많다. 두 개의 다리 이름

지명 표준화의 원칙을 논의하는 유엔지명회의

제2차 세계대전 이후 국가 간 평화 유지, 군비 축소, 국제 협력을 목적으로 출범한 국제연합(UN)이 그 활동을 위해 정확한 지명 표기가 중요하다는 것을 인식한 것은 당연한 수순이었다. 유엔경제사회이사회는 1967년 유엔지명표준화총회(UNCSGN)를 창설했고, 이 회의에서 수행되는 프로그램의 연계와 조정을 지원하고 지명 표준화의 원칙, 정책, 방법을 연구·제안하기 위한 유엔지명전문가그룹(UNGEGN)을 1975년에 조직했다.

UNCSGN은 다음 세 가지 목적을 달성하고자 했다. 첫째, 국내외적 지명 표준화 작업을 장려하는 것, 둘째, 국가의 표준화된 지명정보가 국제사회에 확산되는 것을 촉진하는 것, 셋째, 비로마자 표기 시스템을 로마자로 전환할 수 있도록 단일 로마자 표기법을 채택하는 것이다. 이러한 목적을 달성하기 위해 진행되는 논의는 관련된 결의문을 채택해 회원국의 이행을 권고하는 형태로 실행되었다(자세한 내용은 주성재, 2011을 참조할 것).

우리나라는 1991년 유엔에 공식 가입한 이후 1992년부터 이 회의에 참석해 왔다. 처음에는 동해표기 문제를 제기하는 것이 중요한 업무였으나, 이후 지명 표기 전반에 걸친 우리의 업적을 알리고 다른 회원국의 좋은 사례를 배우고 참조하는 장소로 확대했다. 현재는 결의문 데이터베이스 제공(국토지리정보원 홈페이지로 연동), 워킹그룹 및 집행부 참여, 보고서 제출 등 여러 측면에서 기여하고 있다.

유엔지명회의는 2017년 창설 50주년을 맞아 UNGEGN 브랜드로 통합하여 2년마다 한번 회의를 개최(이전에는 5년 주기의 UNCSGN 사이에 두 차례의 UNGEGN 회의를 개최)하는 방향을 설정했다. 그 결과 2018년에 구조 재편이 이루어졌고, 2021년 새로운 UNGEGN의 제2차 총회에서는 『전략계획과 업무프로그램(2021~2029)』을 채택했다.

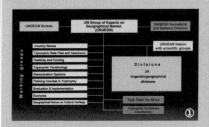 

2018년 새롭게 출범한 통합 유엔지명전문가그룹(UNGEGN)은 기능적으로는 업무 수행을 위한 9개의 워킹그룹과 2개의 실무팀, 국가군으로는 지리 및 언어 특성으로 나뉜 24개의 디비전(우리나라 중국을 제외한 동아시아 디비전 소속)을 두고 있다(①). 2017년 뉴욕 유엔본부에서 열린 제11차 유엔지명표준화총회(UNCSGN)에서는 50주년을 기념하는 다양한 행사가 열렸다(②). 2005년 이래 이 회의에 참여한 필자는 2012년 이래 평가실행(Evaluation and Implementation) 워킹그룹의 의장, 2017년 이래 집행부 위원(2019년 이래 전체 부의장)으로 활동하고 있다.

표준화의 사례를 들어보자.

전라남도 여수시와 고흥군을 연결하는 다리가 완공되어 이름을 붙이게 되었다. 여수시는 다리 동쪽의 섬 적금도의 이름을 이용해 '적금대교'를 제안한 반면, 서쪽에 있던 고흥군은 군내 대표적인 산 팔영산의 이름을 딴 '팔영대교'를 원했다. 전라남도지명위원회는 공사 시작부터 사용되고 있던 점을 고려하여 '팔영대교'로 정하여 국가지명위원회에 올렸으나, 여수시는 여전히 이에 반발했다. 국가지명위원회는 합의 과정이 충분하지 못했다는 여수시의 의견을 받아들여 도지명위원회에서 재심의하도록 돌려보냈다. 그러나 6개월의 기간에도 합의하지 못하고 도지명위원회는 다시 '팔영대교'로 제안했다. 국가지명위원회는 표결에 붙일 수밖에 없었고 다수의 의견으로 이 제안을 채택했다. 도지명위원회의 결정을 거부할 만한 충분한 이유가 없었기 때문이었다.

다른 사례는 전라남도 신안군과 무안군을 연결하는 다리의 이름이다. 신안군은 '신안대교'를, 무안군은 다리가 이어지는 운남면의 이름을 따서 '운남대교'를 제안했다. 전라남도지명위원회는 이 두 이름 사이에서 난항을 겪고 있었다. 그때 무안군에서 이 지역 출신인 김대중 전 대통령의 이름을 이용한 '김대중대교'를 제안했다. 신안군으로서는 거부할 이유가 없었다. 그의 고향이 신안이었기 때문이다. 국가지명위원회는 도가 제안한 이 이름을 승인했으나, 유보적 의견도 함께 제시했다. 김 전 대통령이 타계한 지 4년밖에 되지 않은 시점이었기 때문이다.

여러 제안된 지명 중에서 하나의 표준 지명을 선정하는 데에 기준이 되는 것이 표준화의 원칙임은 분명하지만, 그 원칙을 어떻게 해석하여 적용하느냐에 따라 갈등의 소지가 있다. 예를 들어 상징적, 역사적 의미가 있는 지명이 있는데 현재는 다른 지명이 더 광범위하게 사용되고 있는 경우에, 상징적 또는 역사적 의미가 있는 지명이 우선한다는 원칙을 따라 전자를 선택할 것인가, 아니면 현재 그 지역에서 사용되는 지명에 우선권이 있다는 원칙을 적용해 후자를 택할 것인가, 매우 고민되는 부분이다.

지역에서 합의되어 제안된 지명이 표준화의 원칙을 준수하지 못하고 있을 때에도 문제가 된다. 김대중대교와 같이 인명사용 지명의 원칙에 부합하지 못한다고 해서 합의된 제안을 거부할 수는 없다. 각 지역에서 지명을 제안하는 것으로 시작하는 지명 표준화는 매우 민주적인 상향식 과정이지만, 현실적으로는 쉽지 않은 절차다.

아름답고 푸른 도나우

요한 슈트라우스 2세(John Strauss Ⅱ)는 오스트리아에서 영웅으로 추앙받는 작곡가다. 그가 1867년에 작곡해서 같은 해 빈에서 초연한 「아름답고 푸른 도나우에서(An der schönen blauen Donau)」는 바로 전 해에 프로이센-오스트리아 전쟁에서 패배한 오스트리아 국민을 위로하기에 충분했다. 이 곡은 새해를 맞이하는 첫 곡으로 빈 시청 앞에 연주되고, 여기에 모인 수많은 사람들은 이 곡에 맞추어 왈츠를 춘다.

이 곡은 영어 제목 「푸른 다뉴브강(The Blue Danube)」으로 더 많이 알려져 있다. 도나우와 다뉴브, 같은 강을 부르는 다른 언어의 이름이지만 이들의 어원은 같은 것으로 알려져 있다. 그것은 '물길', '물 떨어짐'의 뜻을 가진 고대 유럽어 'dānu'인데, 라틴어로 'Danubius' 또는 'Danuvius'로 정

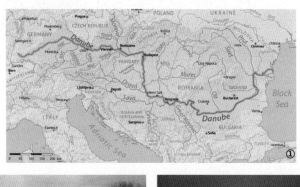

도나우 또는 다뉴브강은 독일에서 발원해서 중부 유럽 9개 나라(오스트리아, 슬로바키아, 헝가리, 크로아티아, 세르비아, 루마니아, 불가리아, 몰도바, 우크라이나)를 관통하거나 국경을 지나 흑해로 유입되는, 유럽에서 두 번째로 긴 강이다(①). 이 강은 각 언어의 다양한 이름만큼 다양한 풍경과 기억을 남겨주었다(②: 빈, ③: 부다페스트). 왈츠곡 「아름답고 푸른 도나우강에서」가 새해 첫 곡으로 빈 시청 앞에 울려 퍼지면 수많은 사람들은 이에 맞추어 춤을 추며 새해를 기념한다(④). 이 곡의 작곡가 요한 슈트라우스 2세는 황금 옷을 입고 빈 도시공원 한복판에 자리 잡고 바이올린을 켜고 있다(⑤). (자료: ① 『위키피디아』; 사진 2016. 12.~2017. 1.)

착되었고 이것이 영어에서는 'Danube', 독일어에서는 'Donau'로 변형된 것이다. 어떤 것이든 어원적으로 '물' 또는 '강'이란 뜻이 포함되어 있다.

도나우 강이 중부 유럽의 여러 나라를 관통해 흐르는 만큼, 각 언어권의 특성에 맞추어 변형된 이름을 갖게 된 것은 당연한 일이었다. 슬로바키아어 Dunaj(두나이), 헝가리어 Duna(두나), 세르보·크로아트어 Дунав(두나브, Dunav), 루마니아어 Dunărea(두너레아), 불가리아어 Дунав(두나프, Dunav), 우크라이나어 Дунай(두나이, Dunai) 등이 그것이다. 강의 유역권은 아니지만 슬로베니아어로는 Donava(도나바), 이탈리아어로는 Danubio(다누비오)와 같이 변형되기도 했다. "아름답고 푸른 도나우에서"를 각 언어로 번역하면 이들 다른 형태의 이름이 '도나우'의 자리에 들어갈 터이다.

흥미로운 것은 국제적으로 통용되는 영어이름 '다뉴브'는 이 강이 지나가는 언어권 어디에서도 사용되지 않는 이름이라는 점이다. 이와 같이 어떤 지형물이 존재하는 곳에서 사용되는 언어가 아닌 다른 언어로 표기된 이름을 외래 지명(exonym)이라 한다. 유엔지명회의는 외래 지명의 국제적 사용을 가급적 줄일 것을 권고하고 있다. 이에 대해서는 다음 장에서 자세히 다룬다.

지명은 언어로 표현된 실체이기 때문에 지명의 유래, 구성요소, 의미, 그리고 그 변천 과정을 추적하기 위해서는 언어에 관한 이해가 필수적이다. 언어는 쓰기(writing)와 말하기(speaking)의 영역으로 나눌 수 있는데, 지명과 관련해서 쓰기는 지명 표기의 문제로, 말하기는 지명 발음의 문제로 연결된다. 각각 언어의 문자체계와 발음체계의 요소로 이어지는 부분이다. 하나의 언어 내에서는 문자체계에 따라 표기 방법이 어떻게 변화해 왔는지가 관심사가 되며, 여러 언어 간에는 각 언어의 지명을 다른 언어에서 어떻게 읽고 표기할 것인지가 중요한 과제가 된다.

낯선 언어권의 지명은 읽는 데부터 어려움을 겪기도 한다. 아이슬란드 사례를 보자. 2010년 4월 이곳에서 발생한 화산 폭발은 유럽 전역의 항공 운항을 마비시키는 커다란 피해를 주었다. 그런데 이를 보도하면서 우리나라 언론뿐 아니라 세계 언론의 관심은 그 화산의 이름을 어떻게 읽고 자국어로 어떻게 표기하는지에 쏠렸다. 그 이름은 현지어로 'Eyjafjallajökull'이었는데 그 형상을 따라 "얼음모자(jökull = ice cap)를 쓴 산의(fjalla = of mountains) 섬(Eyja = island)"이라는 의미였다. 세계 언론사들은 이 이름을 원어대로 읽기 위한 가이드를 주기 바빴는데, AP통신은 'ay-yah-FYAH-lah-yer-kuhl(에이야피야라예르쿨)', 미국 공영 라디오방송 NPR은 'AY-yah-fyah-lah-YOH-kuul(에이야피야라요쿠울)'이라 하였다. 알자지라방송 뉴스는 그 읽는 법을 재미있게 알려주기 위한 가이드를 사물(피아트 자동차, 요구르트)과 현지 가수의 노래를 통해서 제공했다(〈알자지라 뉴스〉, 2010. 4. 19.). 외국의 인명과 지명을 한글로 표기하는 원칙과 용례를 규정하고 발표하는 우리나라의 국립국어원은 이를 '에이야퍄들라이외퀴들(산)'이라 한 바 있다.

조지아와 코트디부아르
정체성의 표현으로서 언어적 요소

흑해 동쪽 연안에 있는 나라 조지아(Georgia)는 오랫동안 러시아제국과 소비에트연방공화국에 의해 지배받다가 비로소 1991년에 독립한 국가다. 유럽과 중앙아시아의 경계에 있는 지정학적 특성에 의해 주변국으로부터 끊임없는 침략을 받았지만, 인구의 다수를 차지하는 조지아 민족과 공식 언어 조지아어의 정체성을 유지하고 있다. '조지아'는 '늑대'라는 뜻의 페르시아어 'gurğ'를 뿌리로 하여 각 언어의 변형된 형태로 정착되었다고 한다. 말하자면 '늑대의 땅'으로 불렸던 것이다. 조지아어로는 사카르트벨로 (საქართველო, 로마자 표기 Sakartvelo)라 하는데 이는 이곳에 거주했던 종족의 이름을 딴 '카르트족의 땅'이라는 뜻이라 한다.

조지아는 2010년 전후 주변의 '친구' 국가들에게 자신의 국호를 '조지아'로 정확히 써 달라고 부탁한다. 각 언어의 특성에 따라 달리 불리는 것은 이해할 수 있겠으나[예를 들어 튀르키예어로 '구르지스탄(Gurjistan)', 아르메니아어로 '브라스탄(Vrastan)' 등], 러시아어식으로 '그루지야(Грузия 또는 Gruzia)'로 쓰는 것은 삼가 달라는 것이었다.* 조지아는 러시아와 200년 가까운 지배와 피지배의 악연을 갖고 있었고, 2008년에는 자치공화국 독립을 둘러싸고 전쟁까지 치른 입장이라 이해가 갈 만한 일이었다.

우리나라는 조지아의 요청에 가장 빨리 호응한 국가로 기록되었다. 1992년부터 외교 관계를 갖고 있던 우리나라의 외교통상부는 바로 '그루지야' 대신에 '조지아'를 사용하기로 결정했고, 이에 따라 국립국어원의 외래어 표기 데이터베이스에서도 '조지아'를 채택하고 '그루지야'는 더 이상 찾아볼 수 없게 되었다. 그러나 유럽의 각 국가들은 이를 받아들이지 못했다. 각 언어에서 이미 '그루지야'가 오랫동안 정착되어 사용되고 있기 때문에 이를 변경하는 것은 합리적이지 않다는 판단에서였다. 이는 라트비아와 리투아니아와 같이 러시아와 그리 사이가 좋지 않은 나라에서도 마

---

* 유럽의 인터넷 언론 ≪Radio Free Europe/Radio Liberty≫의 다음 기사를 참조했다. "Georgia Asks Friends To Stop Calling It 'Gruzia'," (2011. 7. 13.) https://www.rferl.org/a/georgia_asks_friends_to_stop_calling_it_gruzia/24264848.html

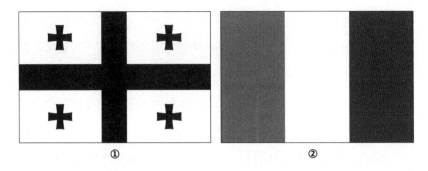

①

②

조지아(①)와 코트디부아르(②)의 국기. 우리나라는 각국의 표기 요청에 매우 우호적이다. 조지아의 정확한 국명 사용 요청에 신속히 반응해 '그루지야' 이름을 바꾸었고, 원어표기 원칙에 따라 '아이보리코스트' 대신에 '코트디부아르'를 사용해 일반 국민도 이에 익혀가고 있다. 지명 사용의 관성이라는 측면에서 볼 때 이는 매우 이례적인 일이다. 여기에는 언론의 적극적 역할이 중요하게 작용했다.

찬가지였다. 중국에서는 아직도 '그루지야(格鲁吉亚)'를 사용하고 있고, 일본은 2015년이 되어서야 '조지아(ジョージア)'를 받아들였다. 리투아니아는 2017년, 조지아어 국가명 '사카르트벨로'를 사용하기로 결정했다.

이같이 어떤 언어에 근거한 호칭과 표기를 사용하느냐 하는 것은 지명에 있어 매우 중요한 요소다. 또 다른 국가명 사례로 코트디부아르를 보자. 중상주의 시대에 적도 인근의 아프리카 서부 연안은 제국주의 국가들의 각축장이었다. 이곳의 수출 히트 상품이었던 코끼리 엄니, 즉 상아는 이곳에 이름을 '상아의 연안(프랑스어 Côte d'Ivoire 또는 Côte de Dents, 포르투갈어 Costa do Marfim)'이라 하기에 충분한 영향력을 갖고 있었다. 이 이름은 1960년 이 지역 중 일부가 프랑스의 식민 지배로부터 독립했을 때 국가명으로 채택되었다.

그런데 문제는 독립 이전부터 각 언어에서 사용하고 있던 글자 그대로의 번역된 이름이었다. 그중에서도 특히 영어식 이름 '아이보리코스트

(Ivory Coast)'는 영향력이 있었고 우리나라도 이 이름을 사용했다. 독립 이후 코트디부아르 정부는 각 언어의 번역된 국가명 사용에 문제가 있다고 보았고, 1986년에 '코트디부아르(공화국)'라는 프랑스어 국명 이외에 다른 어떤 언어의 이름도 수용하지 못할 것이라고 선포했다. 유엔을 포함한 각국의 공식 표기는 이 요청대로 프랑스어 국명을 사용하고 있으나, 영어권의 언론 또는 상용 지도에서는 여전히 '아이보리코스트'를 사용하는 것을 쉽게 발견할 수 있다. 이렇듯 지명에 담긴 언어적 요소는 단순한 언어가 아니라 정체성의 표현이고 언어적 관성의 산물이라고 할 수 있다.

고마나루와 공주, 노사지와 유성
하나의 언어 내에서의 변화

지명에서 찾아보는 중요한 언어적 요소는 하나의 언어 내에서 일어나는 언어적 변천이다. 충청권에 있는 두 개 도시가 재미있는 사례를 제공해 준다.

백제의 수도였던 충청남도의 공주(公州)는 과거 '고마나루'라 불렸다. 고마는 한자로 '固麻'라 표기되었지만 그 음을 빌어 곰을 의미하는 고어로 사용되었다. 공주의 옛 이름 웅진(熊津)은 곰(熊)나루(津)를 한자로 바꾼 것이다. 통일신라에 흡수된 이 지역은 9개 광역 주(州) 중 하나로서 웅진의 다른 이름 웅천의 이름을 따서 웅천주(熊川州)라 불리게 되었고, 이후 웅주(熊州)로 바뀌었다. 고려가 세워지면서 그 이름은 공주(公州)로 바뀌는데, 이것은 다시 우리말 '곰'을 의도한 말이 '공'으로 바뀐 것이 아닌가 추정된다. 말하자면 공주의 이름에는 고마(곰)가 한자어 웅(熊)으로, 그리고 다시

충청남도 공주의 이름은 이 도시를 휘감아 흐르는 금강의 나루터, 고마나루에서 유래했다(①, ②). 곰을 의미하는 '고마', 곰에서 변형된 '공', 곰의 의미가 들어 있는 옛 이름 웅진, 웅주 등에서 볼 때, 고마나루에 곰사당(熊神壇)이 있는 것은 당연한 일이다(③). 유성온천의 원탕이라고 알려진 한 온천장에는 유성 지명의 유래를 유성온천의 역사와 함께 설명한 글귀가 게시되어 있다(④). (2018. 2.; 2015. 2.)

우리말 곰의 변형 공(公)으로 순환된 재미있는 언어적 변천이 들어 있는 것이다.

유성(儒城)은 조금 더 어려운 지명의 언어적 추적을 보여주는 사례다. 현재의 유성 일대는 백제시대에 '노사지'라 불렸고 한자어를 빌려 '奴斯只'로 표기했다. 통일신라의 경덕왕은 행정구역을 개편하면서 순우리말 지명을 한자어로 바꾸는 일을 했는데, '노사'는 '늦(늦다)'의 음을, '지'는 '재(城)'의 음을 빌려온 데 착안하여 이를 각각 같은 훈을 가진 한자어 유(儒)와 성(城)을 이용해 유성이라는 지명을 탄생시킨 것이다. 문자의 음과 훈, 그리고 발음이 적절히 결합하여 지명이 변화하거나 새로운 지명이 탄생하는 것은 지명이 갖고 있는 언어적 특수성을 보여준다.

공주나 유성의 사례에서 공통적으로 발견되는 재미있는 점은 각 지명이 언어적 변화과정을 통해 정착하게 되었지만, 한자어의 뜻만을 놓고 보면 각각 '공의로운 마을'과 '선비의 마을'이 되어 또 다른 정체성을 부여하는 소재가 되었다는 점이다. 실제로 공주는 사범대학과 교육대학이 입지한 교육도시로, 유성은 대학과 연구기관이 밀집된 연구단지로 발전했으니, 각 지역에서는 명실상부한 이 특성을 브랜드로 만들어 장소 마케팅을 해도 큰 무리가 없을 듯하다.

서울, Seoul, Séoul, Seúl, Soul, 首尔
언어 간 지명의 전환

대한민국의 수도 서울이 세계에 인상적으로 알려진 것은 1988년 올림픽을 개최하면서부터다. 그러나 세계인들에게 먼저 알려진 이름은 '서울'이 아닌 '쎄울'이었다. 1981년 9월 독일의 바덴바덴에서 7년 후의 올림픽 개최지를 발표한 국제올림픽위원회(IOC) 사마란치 위원장이 '알라빌드 쎄울'('서울시에서'라는 뜻)이라고 큰 소리로 부르짖었기 때문이다. 그에게 들려진 발표지에 어떻게 쓰여 있었는지 확인되지는 않았지만, 그는 출신지인 스페인식 표기 Seúl에 충실하게 발음하며 외쳤던 것이다.

서울의 로마자 표기는 Seoul이지만, 각 언어에서는 '서울'과 가장 가까운 발음을 내기 위해 이와는 다른 표기를 채택하고 있다. 프랑스어로는 Séoul, 스페인어로는 Seúl, 핀란드어로는 Soul이다. 서울시는 발음을 중시하는 표기를 위해 2004년 말에 서울의 중국어 표기를 汉城(한청)에서 首尔(서우얼)로 바꾸고 중국에 이를 사용하도록 협조를 요청했다.

국가와 언어의 경계를 넘어 활발한 교류가 이루어지는 현대사회에서 더욱 중요해진 문제는 한 언어의 지명을 다른 언어로 어떻게 표기하는지에 관한 것이다. 어떤 언어(또는 문자)로 표현된 이름을 다른 언어(또는 문자)로 표준화된 방법으로 일관성 있게 '전환(conversion)'하는 것이 필요해진 것이다. 이때 전환의 양방향에 두 개의 언어가 있게 되는데, 원래의 지명이 만들어진 언어를 기부 언어(donor language 또는 source language), 그 지명을 전환하여 사용하는 언어를 수혜 언어(receiver language 또는 target language)라고 한다. 서울의 경우 한국어가 기부 언어, 전환된 영어, 프랑스어, 스페인어 등이 수혜 언어가 된다.

로마자 표기법(romanization)은 대표적인 전환의 방법이다. 로마자 표기법은 비로마자(예를 들어 한국어, 중국어, 일본어, 태국어, 아랍어, 키릴어 등의 문자)의 국제적인 사용을 위해 로마자로 전환하는 방법을 규정한 것이다. 유엔을 비롯한 국제기구는 각 언어에 대한 통일된 로마자 표기법 체계를 설정하는 데에 관심을 가져왔다. 공인된 로마자 표기법을 갖는다는 것은 지도와 문서에 특정 언어로 표기된 지명을 국제적으로 통용시키기 위한 전제 조건이 되기 때문이다. 통일된 로마자 표기법을 제정하는 것은 유엔지명회의가 존재하는 목적 중 하나다.

유엔지명회의는 총회가 열릴 때마다 개최 도시 이름을 각 언어 표기로 디자인한 엽서를 만들어 배포하고 있다. 나이로비(2009, ①), 빈(2011, ②), 뉴욕(2012, ③)이 만들어졌다. 공통되는 타이틀은 <지도와 지명, 그리고 정체성>이다.

유엔은 한 언어에 대해 하나의 로마자 표기법을 인정하는 것을 기본 원칙으로 삼고 있다. 같은 언어를 사용하는 국가들은 통일된 단일 로마자 표기법을 정하여 유엔에 보고하고 공인을 받아야 한다. 아랍어와 같이 한 언어를 지리적 특성과 역사적 맥락이 다른 여러 나라에서 사용할 경우 단일 로마자 표기법을 채택하는 데에 진통을 겪기도 한다. 한국어의 경우 남북한 각각의 표기법이 유엔지명회의에서 보고된 바 있으나, 통일된 로마자 표기법이 아직 없기 때문에 공인받지 못하는 형편이다. 2021년 5월까지 로마자 표기법이 유엔지명회의에 보고되어 공인된 비로마자 언어는 모두 30개다.*

혼동하기 쉬운 외국 지명의 한국어 표기

Belarus:	벨라루스(○)	벨로루시(×)
Belgium:	벨기에(○)	벨지움(×), 벨지엄(×)
Canada:	캐나다(○)	카나다(×)
Colombia:	콜롬비아(○)	컬럼비아(×)
Ecuador:	에콰도르(○)	에쿠아도르(×)
Alaska:	알래스카(○)	알라스카(×)
Boston:	보스턴(○)	보스톤(×)
Las Vegas:	라스베이거스(○)	라스베가스(×)
Manhattan:	맨해튼(○)	맨하탄(×)
Oregon:	오리건(○)	오레곤(×)
Vancouver:	밴쿠버(○)	뱅쿠버(×)
東京:	도쿄(○)	토쿄(×)

자료: 국립국어원, 『외래어 표기법』.

---

* 다음 언어다: Amharic, Arabic, Assamese, Belarusian, Bengali, Bulgarian, Chinese, Greek, Gujarati, Hebrew, Hindi, Kannada, Khmer, Macedonian, Cyrillic, Malayalam, Marathi, Mongolian, Nepali, Oriya, Persian, Punjabi, Russian, Serbian, Tamil, Telugu, Thai, Tibetan, Uighur, Ukrainian, Urdu

각 언어의 지명을 한글로 어떻게 표기할 것인지에 대한 원칙도 있다. 우리나라의 국립국어원은 세계 21개 언어에 대한 한글 표기의 원칙과 용례를 제시하고 있다.* 각 언어의 표기 사례는 방송이나 신문의 언론기관으로 전해져 전 국민에게 쉽게 다가가고 있다.

동해와 East Sea, 벨라루스와 백러시아
언어 간 소통의 또 다른 방법, 지명의 번역

한반도 동쪽에 있는 바다를 우리 민족은 이 천년 이상 '동해'라 불렀지만, 국제적으로는 'East Sea'와 이에 해당하는 각 언어로 불리길 원한다. 동해를 처음 세계에 알리려 했을 때 그 로마자 표기 'Donghae(당시에는 Tong-Hae)'를 고려하기도 했지만, 국제적 맥락에서 그 의미를 더 효과적으로 전달하기 위해 번역된 형태로 'East Sea'를 채택했다. 프랑스어로는 'Mer de l'Est', 독일어로는 'Ostmeer' 등 각 언어에서 그 의미를 전달하도록 한 것이다.

1991년 소비에트연방에서 독립한 국가 벨라루스(Belarus)는 한때 우리나라에서 '백러시아'라 불렀다. '희다'는 의미를 갖고 있는 'bela(러시아어로 Бела)'를 번역하여 'White Rus' 또는 'White Russia'라 불린 것을 다시 우리말로 바꾸었던 것이다. 그러나 이때의 'Rus'는 러시아가 아니라 우크라이나 서부의 루테니아(Ruthenia)를 부르는 말이었다는 설이 더 유력하다.

---

* 다음 언어다: 영어, 독일어, 프랑스어, 에스파냐어, 이탈리아어, 일본어, 중국어, 폴란드어, 체코어, 세르보크로아트어, 루마니아어, 헝가리어, 스웨덴어, 노르웨이어, 덴마크어, 말레이인도네시아어, 타이어, 베트남어, 포르투갈어, 네덜란드어, 러시아어

독립 직후 벨라루스는 영어 국명을 Belorussia(벨로루시아)에서 Belarus로 바꾸었다.

우리나라가 '벨라루스'를 공식 표기로 채택한 것은 2008년 12월이 되어서인데, 그 전까지 사용한 '벨로루시'는 옛 영어 국명에서 유래한 것으로 추정한다. 그러나 아직도 몇 나라에서는 '백러시아' 의미를 가진 국명을 사용하고 있다. 독일어의 바이스루슬란트(Weißrussland), 네덜란드어의 빗 뤼슬란트(Wit-Rusland), 그리스어의 레프코로시아(Λευκορωσία), 중국어의 바이어뤄쓰(白俄罗斯) 등이 그것이다.

이와 같이 번역은 해당 언어로 지명의 의미를 전달하는 언어 간 소통의 또 다른 방법이다. 마젤란에 의해 포르투갈어에서 유래한 'Pacifico'는 독일어로 'Stiller Ozean', 한자어권에서는 '태평양(太平洋)'으로 번역되어 매우 자연스럽게 사용되고 있다. 황해(黃海)는 Yellow Sea, Gelbes Meer, Mer Jaune 등 모두 '황색 바다'로, 혹해는 Black Sea, Schwarzes Meer, Mer Noire, Karadeniz 등 모두 '검은 바다'로 동일한 뜻을 갖고 있다.

방위 또는 위치를 나타내는 단어는 각 해당 언어로 번역되는 것이 일반적이다. 남아프리카공화국, 중앙아프리카공화국, 남수단, 동티모르 등에 포함된 수식어는 수혜 언어에서 모두 번역된다. 그러나 우리말에서 사우스캐롤라이나, 노스다코타와 같이 미국의 주를 나타내는 지명은 번역하지 않고 그대로 쓰는 것이 최근의 추세다. 아마도 한국어에 깊숙이 들어와 있는 외국어(특히 영어)의 영향이 아닌가 싶다.

그러나 어떤 지명을 수혜 언어에서 번역하는 것은 매우 조심할 일이다. 특히 아이보리코스트나 백러시아와 같이 기부 언어의 국가가 동의하지 않는 경우 또는 번역의 근거가 미약할 때는 그 사용을 삼가는 것이 적절하다. 지명에는 그 사회와 주민이 오랫동안 유지해 온 정체성이 녹아 있기 때문이다. 국호인 경우는 특히 더 그렇다.

번역에서 더 진전되어 다른 나라의 국가나 도시에 대하여 어떤 언어에서 고유하게 사용하는 이름이 있다. 우리나라에서 아무런 거리낌 없이 사용하는 미국, 영국, 독일, 호주 같은 지명이 이에 해당한다. 이 이름은 한국어에서만 통용될 뿐, 해당 국가에서는 전혀 듣지도 못한 이름일 수 있다. 이렇게 타 언어권의 지명에 대해 이를 받아들이는 쪽의 언어, 즉 수혜 언어에서 사용하는 독특한 형태의 지명을 외래 지명이라 한다는 것은 이미 앞서 소개한 바와 같다. 외래 지명은 지명을 이해하는 데에 중요한 생각의 틀을 제공한다. 이에 대해서는 다음 장에서 자세히 다룬다.

미국인은 모르는 이름 '미국', 독일인은 모르는 이름 '독일'

한국어를 배우기 시작한 외국인들이 배워야 할 중요한 단어는 한국어로 부르는 자신의 나라 이름일 것이다. 궁금함이 많은 한국인들에게 어느나라에서 왔느냐는 질문을 수없이 받을 것이기 때문이다. 이때 미국인이유에스에이에서 왔다고 하고 독일인이 도이칠란트 또는 저머니에서 왔다고 하면 한국인들은 어떻게 반응할까? 당연한 일이라 받아들이겠지만, "미국에서 왔다," "독일에서 왔다"고 하는 것보다 친근함을 덜 느끼지 않을까생각한다.

한국어에서 미국, 영국, 독일, 호주와 같은 이름은 너무도 자연스럽게사용된다. 대한민국 외교부의 각 공관 홈페이지에도 이들 이외 다른 이름은 찾아볼 수 없다. 한국어에서 사용되는 국명은 중국과 일본의 영향을 받

았다. 미국(美國)은 '아메리카합중국'의 중국어 음역 '美利坚合众国'에서, 영국(英國)은 잉글랜드의 중국어 음역 '英吉利' 또는 '英格蘭'에서, 독일은 '도이칠란트'의 '도'에서 유래한 일본어 국명 '獨逸'을 한국어의 음으로 읽어 정착된 것이다(그러나 현재 일본에서는 'ドイツ 도이츠'를 더 많이 사용한다). '호주' 역시 일본어 표기 '濠洲'를 한국어 음으로 읽은 것인데, 이는 오스트레일리아의 한자어 음역 '濠斯太剌利亞'에서 유래한 것으로 알려졌다.

그러나 미국, 영국, 독일, 호주라는 이름을 아는 자국민은 극히 소수다. 자신의 나라 이름이 대다수의 국민들이 모르는 상태에서 어떤 외부 집단에 의해 사용되는 것이다. 이렇게 지칭의 대상이 되는 지형물 바깥에 있는 언어로 만들어진 독특한 형태의 이름을 외래 지명(exonym)이라 한다. 〈도표 7-1〉은 한국에서 사용되는 각 나라에 대한 외래 지명을 보여준다.

우리나라에서 사용되는 국가 이름이 중국어 또는 일본어의 한자어 표기에 큰 영향을 받은 것은, 국가의 문을 여는 개방의 시대에 외부 세력의 이름을 부를 때 그들과 이미 교류를 갖고 있던 중국이나 일본이 부르는 이름을 참고했기 때문이 아닌가 한다. 이렇게 볼 때, 외래 지명이 있다는 것은 이 나라들과의 교류가 오래되었고 가까운 관계로 유지되었음을 의미하는 반증이 된다(주성재, 2023).

이 중에서 오지리, 화란, 서반아, 불란서, 월남 등은 사용 빈도가 줄고 있음이 관찰된다. 이는 현지에서 불리는 이름 또는 국제적으로 널리 사용되는 이름을 존중하는 교육과 언론의 역할에 의한 것으로 보인다. 세대 간 차이도 있어 이 이름을 사용하면 옛 세대로 취급 받기 십상이다. 그러나 '월남국수', '불란서 식당', '서반아어학과', '난학(蘭學: 네덜란드로부터 받아들인 서양 학문)'과 같이 다른 단어와 결합된 관용구로서는 아직도 사용되고 있다.

〈도표 7-1〉 한국에서 사용되는 주요 국가명 외래 지명

한국어 외래 지명	자국에서 사용하는 이름	영어 표기	유래
미국	United States of America	좌동	아메리카합중국의 중국어 음역 美利堅合衆國에서 유래
영국	United Kingdom	좌동	잉글랜드의 중국어 음역 英吉利(또는 英格蘭)의 '英'에서 유래
호주	Australia	좌동	일본어 표기 濠洲(오스트레일리아의 음역 濠斯太剌利亞에서 유래)를 한국어 음으로 읽음
독일	Deutschland	Germany	일본어 표기 獨逸을 한국어 음으로 읽음
오지리	Österreich	Austria	중국어 표기 奧地利를 한국어 음으로 읽음
화란	Nederland	Netherlands	중국어 표기 和蘭(Holland의 음역)을 한국어 음으로 읽음
서반아	España	Spain	중국어 표기 西班牙를 한국어 음으로 읽음
불란서	France	France	일본어 표기 佛蘭西를 한국어 음으로 읽음
월남	Việt Nam	Viet Nam	중국어 표기 越南을 한국어 음으로 읽음
몽고	Монгол	Mongolia	중국어 표기 蒙古를 한국어 음으로 읽음

우리나라에서 사용하는 외래 지명에 대해서 해당 국가들은 어떻게 생각할까? 사용자의 권리라고 보는 것이 일반적이지만 그 사용에 문제를 제기한 사례가 하나 있다. 몽골 정부는 1990년 우리나라와의 수교 당시, 한국어에서 오랫동안 사용되어 온 이름 '몽고'를 '몽골'로 바꾸어줄 것을 요청했다. '몽고'가 우매하고(蒙) 고리타분하다(古)는 뜻으로 중국에서 비하해서 부르던 이름을 한국어로 그대로 읽은 것이기 때문이었다. 우리 정부는 이 요청을 기꺼이 받아들였고, 이후 몽골의 현지 표기 Монгол (Mongol)의 우리말 표기 '몽골'을 모든 공공문서에서 사용하도록 했다. 그러나 '몽고'는 여전히 일상 대화뿐 아니라, '몽고간장', '몽고반점'과 같은 복합 단어에 남아 있다.

오스트리아, 스페인, 빈, 모스크바, 코트디부아르
다양한 방법의 다른 언어권 지명 표기

유엔지명전문가그룹(UNGEGN)은 외래 지명(exonym)을 "어떤 언어가 사용되는 지역의 바깥에 위치한 지리적 실체에 대하여, 그 실체가 위치하고 있는 지역의 공식 언어 또는 정착된 언어로 된 이름과 다른 형태로 표기된 이름"이라고 정의를 내린다. 그 반대되는 개념은 토착 지명(endonym)으로서 "어떤 지리적 실체에 대하여, 그 실체가 위치하고 있는 지역의 공식 언어 또는 정착된 언어로 표기된 이름"으로 정의된다.*

독일 국가명을 예로 들어보자. 독일의 공식 언어는 독일어이므로 독일어 이름 Deutschland가 토착 지명이다. 독일 바깥의 언어권에서 이것의 음역(예를 들어 한국어에서 '도이칠란트')이 아닌 형태로 사용되는 이름, 즉 영어의 Germany, 프랑스어의 Allemagne, 한국어의 독일, 중국어의 德国은 모두 외래 지명이다.

오스트리아의 경우, 공식 언어 독일어의 토착 지명은 Österreich지만 국제적인 맥락에서는 영어 외래 지명 Austria를 더 많이 사용한다. 우리나라에서는 개방의 시기에 한자어에서 채택한 외래 지명 '오지리'를 사용했으나, '독일'과 달리 이는 오래가지 못하고 '오스트리아'로 대체되었다.

---

* UNGEGN의 『지명 표준화를 위한 용어사전』에 의한 것이다. 영어로는 각각 다음과 같다.
- exonym: name used in a specific language for a geographical feature situated outside the area where that language is widely spoken, and differing in its form from the respective endonym(s) in the area where the geographical feature is situated
- endonym: name of a geographical feature in an official or well-established language occurring in that area where the feature is situated

독일어 토착 지명을 음역한 '외스터라이히'가 아닌, 영어 외래 지명을 음역해서 사용한 것이다. 이같이 우리나라에서 사용하는 나라 이름에는 영어 외래 지명에서 온 것이 많다. 헝가리(Hungary, 토착 지명은 Magyarország), 슬로바키아(Slovakia, 토착 지명은 Slovenská), 불가리아(Bulgaria, 토착 지명은 Bǎlgarija), 터키(Turkey, 토착 지명은 Türkiye)* 등이 그것이다. 스페인의 경우는 Spain의 음역인 이 이름을 더 많이 사용하지만(외교부 공관, 정부 문서, 언론 등), 때에 따라 토착 지명 España의 음역인 '에스파냐'를 사용한다(중고교 지리부도).

현지어로 사용되는 토착 지명을 존중하는 추세는 증가하고 있다. 오스트리아의 수도 빈(Wien)은 우리나라에 영어 이름 비엔나(Vienna)로 많이 알려졌고, 비엔나커피, 비엔나소시지와 같은 파생 용어에도 사용되어 왔다. 그러나 현재는 공식 문서와 언론에서 독일어 지명 '빈'을 사용하고 있으며, 일상에서도 그 빈도는 증가하는 추세다(빈 소년 합창단, 빈 필하모닉 오케스트라 등). 독일의 뮌헨(München)과 쾰른(Köln), 러시아의 모스크바(Москва, 로마자 Moskva), 폴란드의 바르샤바(Warszawa)는 처음부터 각 언어의 토착 지명을 음역했다. 코트디부아르(Côte d'Ivoire)는 국가의 요청에 의해 영어 외래 지명 아이보리코스트(Ivory Coast)를 대체하여 공식 언어 프랑스어의 토착 지명으로 변경해 표기하는 사례다.

---

* 2022년 6월, 국립국어원은 '튀르키예'를 공식 명칭으로 채택한다고 발표했다. 튀르키예 정부의 요청에 따른 결정이었다.

동경과 도쿄, 북경과 베이징

읽고 쓰는 과정에서 나타나는 외래 지명

외래 지명은 일반적으로 지명의 표기에 주목하고, 이를 어떻게 읽는지에 대해서는 큰 관심을 갖지 않는다. 예를 들어 프랑스의 수도 Paris는 '빠리'로 읽든 '패리스'로 읽든, Paris로 쓰여 있는 한 외래 지명이 되지 않는다.

그러나 고유한 문자체계를 갖고 있는 한국어에서는 한자어로 된 외국의 지명을 어떻게 읽느냐에 따라 다르게 표기할 수 있기 때문에 문제가 된

외래 지명 사용 조사

외래 지명의 사용은 특정 맥락에 놓여 있는 사용자의 선택에 의한 것이다. 20대 대학생 106명을 대상으로 한 지명 사용 현황에 관한 조사(Choo, 2017)는 흥미로운 결과를 보여준다. 나라 이름 중에서 네덜란드, 프랑스, 베트남, 이탈리아, 몽골은 예상대로 이들 토착 지명이 외래 지명(화란, 불란서, 월남, 이태리, 몽고)보다 훨씬 많이 사용되고 있다. 외래 지명이 사용되는 것은 몽고(일상 대화 14%, 문서 17%), 이태리(일상 대화 23%, 문서 11%) 정도였다.

그러나 독일, 인도, 스페인, 태국, 호주는 이들 외래 지명이 토착 지명인 도이칠란트, 인디아, 에스파냐, 타이, 오스트레일리아보다 훨씬 많이 사용되고 있다(일상 대화 90% 이상, 문서 71% 이상). 일상 대화보다 문서에서 외래 지명의 사용이 줄 어드는 것은 일관성 있는 패턴이다. 호주와 스페인의 경우, 중고교 지도책에서 '오스트레일리아'와 '에스파냐'로 표기하고 있음에도 외래 지명이 많이 사용되는 것이 특이하다.

도쿄, 베이징, 상하이의 경우 외래 지명 '동경', '북경', '상해'가 사용되고는 있지만 토착 지명이 강세를 보인다. 빈의 경우는 외래 지명 '비엔나'보다 약간 우세하지만 거의 동일한 정도로 사용되고 있음이 나타난다. 그러나 이 결과는 연령대를 차별화하여 조사하면 매우 다르게 나타날 것으로 예상한다.

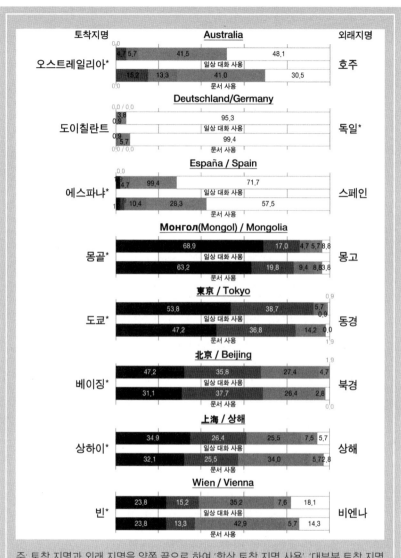

토착지명   **Australia**   외래지명

오스트레일리아* / 호주

- 일상 대화 사용: 4.7 5.7 / 41.5 / 48.1
- 문서 사용: 15.2 / 13.3 / 41.0 / 30.5

Deutschland/Germany

도이칠란트 / 독일*

- 일상 대화 사용: 3.8 0.9 / 95.3 (0.0 / 0.0)
- 문서 사용: 0.9 5.7 / 99.4 (0.0 / 0.0)

España / Spain

에스파냐* / 스페인

- 일상 대화 사용: 4.7 / 99.4 / 71.7 (0.0)
- 문서 사용: 10.4 / 28.3 / 57.5

Монгол(Mongol) / Mongolia

몽골* / 몽고

- 일상 대화 사용: 68.9 / 17.0 / 4.7 5.7 8.8
- 문서 사용: 63.2 / 19.8 / 9.4 8.8 3.8

東京 / Tokyo

도쿄* / 동경

- 일상 대화 사용: 53.8 / 38.7 / 5.7 0.9 (0.9)
- 문서 사용: 47.2 / 36.8 / 14.2 0.0 (1.9)

北京 / Beijing

베이징* / 북경

- 일상 대화 사용: 47.2 / 35.8 / 27.4 4.7 (1.9)
- 문서 사용: 31.1 / 37.7 / 26.4 2.8 (0.0)

上海 / 상해

상하이* / 상해

- 일상 대화 사용: 34.9 / 26.4 / 25.5 / 7.5 5.7
- 문서 사용: 32.1 / 25.5 / 34.0 / 5.7 2.8

Wien / Vienna

빈* / 비엔나

- 일상 대화 사용: 23.8 / 15.2 / 35.2 / 7.6 / 18.1
- 문서 사용: 23.8 / 13.3 / 42.9 / 5.7 / 14.3

주: 토착 지명과 외래 지명을 양쪽 끝으로 하여 '항상 토착 지명 사용', '대부분 토착 지명 사용', '비슷하게 사용', '대부분 외래 지명 사용', '항상 외래 지명 사용'의 다섯 단계로 대답한 결과를 보여줌. 즉, 색이 진할수록 토착 지명을, 색이 흐릴수록 외래 지명이 사용됨을 알 수 있음. *는 중고교 지도책에서 사용하는 표기를 보여줌(자료: Choo, 2017: 4).

다. 이는 한자어를 공유하지만 읽는 방법이 다르고 다시 이를 표현할 수 있는 별개의 쓰기 체계를 갖고 있는 한국어와 일본어에서 특수하게 외래 지명을 만들어내는 사례인 것으로 보고된다(Choo, 2014b).

일본의 수도 東京의 사례를 들어보자. 이를 한글로 표기할 때 일본식으로 읽어 '도쿄'로 쓴다면 토착 지명이 되지만, 한국식으로 읽어 '동경'이라고 쓰면 외래 지명이 된다. 大阪에 대해 '오사카'는 토착 지명, '대판'은 외래 지명이다. 중국 지명에 대해서도 마찬가지인데, 北京과 上海를 '베이징', '상하이'로 표기한 것은 토착 지명, '북경', '상해'로 표기한 것은 외래 지명이다.

일본어에서도 마찬가지로 적용된다. 우리나라 부산(釜山)과 대구(大邱)의 한자어를 일본식으로 '후산'과 '다이큐'로 읽고 이를 다시 'ふさん'와 'だいきゅう'로 쓴다면 외래 지명이 된다. 앞서 제2장에서 소개했듯이 일본은 강점기에 우리나라의 한자어 지명을 일본식으로 읽어 일본어 또는 로마자로 표기함으로써 새로운 정체성을 부여하려 했다. 경성(京城), 수원(水原), 인천(仁川)에 대한 표기 けいじょう(Keijo 또는 Keizo), すいげん(Suigen), じんせん(Jinsen)이 그 사례다.

우리나라 사람의 일상대화에서 동경, 북경, 상해 등의 이름은 높은 연령대에서 여전히 많이 사용되고 있다. 그러나 문서나 지도의 표기에서는 도쿄, 베이징, 상하이로 대체되는 추세다. 이러한 변화가 교육과 언론의 영향이라는 것은 앞서 언급한 바와 같다. 20대 대학생을 대상으로 한 조사에 의하면, '도쿄'를 '항상' 또는 '대부분' 사용하는 비율이 일상대화에서는 92.4%, 문서에서는 84.0%, '베이징'은 각각 67.9%와 68.9%, '상하이'는 61.3%와 57.6%로 나타났다(Choo, 2017). 이것은 20대에서도 외래 지명을 사용하는 경우가 여전히 있으며, 이는 중국의 지명에서 더 높이 나타난다는 것을 의미한다.

외래 지명에 나타나는 역사적 사실
교류, 정복, 문화 확산의 역사

어떤 지명도 우연히 부여된 것은 없다는 사실은 외래 지명에도 마찬가지로 적용된다. 모든 외래 지명에는 사용자들의 장소 인식, 역사적 배경, 그리고 언어의 특성이 담겨 있다.

세계에서 가장 높은 에베레스트산(8848.86m)의 예를 들어보자. 이 산은 중국의 티베트 자치구와 네팔의 경계에 위치해 있다. 티베트어 이름은 '성스러운 어머니'라는 뜻을 가진 ཇོ་མོ་གླང་མ(초모룽마, 로마자로는 Chomolungma 또는 Qomolangma)이다. 중국어에서는 이를 음역하고 속성 지명을 붙여 '珠穆朗玛峰'라고 표기한다. 네팔에서는 1960년대 초반에 '하늘의 이마'라는 뜻으로 सगरमाथा(사가르마타, 로마자로는 Sagarmāthā 또는 Sagar-Matha)라는 이름을 붙였다고 알려진다.

'에베레스트산(Mount Everest)'은 인도 감독관이었던 영국인 워(Andrew Waugh)가 그의 전임자 에베레스트 경(Sir George Everest)의 이름을 따서 제안한 것을 1865년 영국 왕립지리학회가 공식 이름으로 채택함으로써 세상에 알려졌다. 영어 사용권이 아닌 곳에 있는 지형물에 붙여진 영어 외래 지명이 어떤 토착 지명보다도 널리 사용되는 경우가 된 것이다. 이 산을 측량했던 워는 지역에서 부르는 이름을 채택하려 했으나 공통으로 사용되는 마땅한 이름을 찾을 수 없어 차선의 선택을 했다. 그러나 에베레스트

19세기 중후반부터 1918년까지 중부 유럽을 지배했던 독일제국과 오스트리아-헝가리제국은 수많은 독일어 지명을 이 지역에 남겼다. 독일어를 사용하지 않는 민족국가로서는 독립 후 많은 외래 지명을 맞이하게 된 것이다.

경은 자신의 이름을 힌두어로 표기할 수 없고 인도 원주민이 발음하기도 어렵다는 이유를 들어 이에 반대했다고 한다.

외래 지명은 오랜 역사의 산물이다. 이것은 현재 유럽 각 언어권의 지명에 대해 다른 언어의 이름이 여전히 남아 있고 빈번히 사용된다는 점에서 확인할 수 있다. 그중에서 가장 많이 발견되는 것은 중부 유럽 각 언어권에 남아 있는 독일어 지명이다. 독일어를 공식 언어로 사용했던 독일제국(Deutsches Reich, 1871~1918년)과 오스트리아-헝가리제국(Österreichisch-Ungarische Monarchie, 1867~1918년)은 이 지역에 수많은 독일어 지명을 남김으로써 그 지배의 영향력을 과시했다. 이 두 제국이 지배했던 곳은 현재의 독일, 오스트리아, 헝가리뿐 아니라 폴란드, 체코, 슬로바키아, 슬로베니아, 크로아티아, 세르비아, 루마니아, 그리고 네덜란드. 벨기에, 덴마크, 러시아, 이탈리아까지 이르는 방대한 땅이었다.

『위키피디아』 영어판은 이곳에 남아 있는 많은 독일어 외래 지명을 나열하면서, 그중에서 현재 독일에서 가장 빈번하게 사용되는 것으로 단치히(Danzig, 폴란드 도시 그단스크 Gdańsk), 브레슬라우(Breslau, 폴란드 도시 브로츠와프 Wrocław), 그리고 쾨니히스베르크(Königsberg, 러시아 도시 칼리닌그

발트해에 면해 있는 폴란드의 항구도시 그단스크(Gdańsk)를 독일어권에서는 단치히(Danzig)라 부른다. 이 두 이름은 이곳을 흐르는 모트와바(Motława)강의 지역이름인 그다니아(Gdania)와 어원을 공유한다(①). 슬로베니아의 수도 류블랴나(Ljubljana)에 대한 독일어 외래 지명 라이바흐 (Laibach)는 옛 슬라브 남성 이름인 류보비드(Ljubovid — '사랑스런 모습의 인물'이라는 뜻)에서 유래한 류블랴니카(Ljubljanica)강과 어원을 같이 한다(②). 유대인 수용소로 잘 알려진 아우슈비 츠(Auschwitz) 역시 폴란드 토착 지명 오시비엥침(Oświęcim)과 중세 영주의 이름에서 유래한 어원이 같다. 현지 안내인이 가리키는 아우슈비츠 수용소 표시(Konzentrationlage: KL) 위쪽으로 병기된 두 이름이 보인다(③). 수용소 투어는 "노동이 자유를 가져다준다(Arbeit macht frei)"라고 쓰여 있는 문을 통과함으로써 시작한다. 독일어의 schwitzen이 '땀을 흘리다'는 뜻을 갖고 있는 것이 이 글귀와 무관하지 않다는 느낌을 준다(④). (2012. 5.; 2005. 5.; 2014. 8.)

라드 Kaliningrad)*를 들고 있다. 이들은 상대적으로 독일과 가까이 위치한 도시들이다.

---

* 칼리닌그라드는 이곳을 지배했던 프러시아에 있던 도시 쾨니히스베르크(Königsberg)를 소비에트 공산정부가 볼셰비키 혁명가 미하일 칼리닌(Mikhail Kalinin)의 이름을 따서 개명한 것이다.

주목할 것은 많은 독일어 지명이 각 언어의 토착 지명과 어원을 공유하고 있다는 사실이다. 단치히와 그단스크, 브레슬라우와 브로츠와프는 같은 어원의 단어(강 이름 그다니아와 인물 이름 브라티스라프)가 각각 독일어와 폴란드어의 특성에 맞게 변형되어 정착된 것이다. 슬로베니아의 수도 류블랴나(Ljubljana)에 대한 독일어 외래 지명 라이바흐(Laibach), 그리고 나치시대의 유대인 수용소로 잘 알려진 아우슈비츠(Auschwitz)와 폴란드 토착지명 오시비엥침(Oświęcim) 역시 같은 어원을 갖고 있다. 이것은 외래 지명을 언어적 변화의 측면에서 이해해야 한다는 사실을 보여준다. 한국어에서 사용되는 국가명 외래 지명이 한자어로 음역하는 과정에서 형성되었다는 것과도 맥락을 같이 한다.

뮤니크와 콜론
각 언어의 특성에 적응한 외래 지명

독일의 도시 뮌헨(München)과 쾰른(Köln)에 대한 영어 외래 지명 뮤니크(Munich)와 콜론(Cologne)은 한국어에서는 낯설게 여겨지지만 영어권에서는 보편적으로 사용되는 이름이다. 독일어 토착 지명이 일찍부터 알려진 우리나라에서는 영어 지도에 나타나는 이 이름들이 마치 다른 도시가 있는 것 같은 혼동을 일으키기도 한다.

'뮌헨'은 '수도승들에 의한'이란 뜻을 가진 중세시대 독일어 Munichen에서 유래했다. 이 이름은 독일어에서는 München으로 정착되었지만 영어에서는 Munich가 되었고 발음도 영어식으로 '뮤니크'가 되었다. 로마에 의해 세워진 도시 쾰른의 처음 이름은 콜로니아(정식 이름은 Colonia Claudia

한국어에서는 대부분의 유럽 도시를 현지 이름(토착 지명)대로 부르고 표기한다. 위대한 문화유산은 항상 '쾰른대성당'이며(①), 수많은 사람이 모이는 마리엔광장은 당연히 '뮌헨'에 있다(②). 체코의 수도 프라하는 각 언어의 특성에 따라 독특하게 변형되었지만 한국어에서는 언제나 '프라하'다. 각 언어의 이름(영어 Prague, 스페인어 Praga, 독일어 Prag)을 도시 마케팅의 도구로 사용되는 것이 이채롭다(③). (2012. 8.; 2017. 4.; 2017. 1.)

Ara Agrippinensium)였다. 이 이름은 독일어에서는 Coellen, Cöllen, Cölln, Cöln 등을 거쳐 현재의 이름 Köln으로 정착되었지만, 프랑스어에서는 Cologne으로 변형되었다. 영어에서는 이 프랑스 이름을 채택하여 '콜론(발음은 콜로운)'을 사용하게 된 것이다.

영어 외래 지명이 독일어 지명과 다른 형태로 발전하게 된 것은 언어의 특성으로 이해된다. 영어에는 독일어의 움라우트(ü, ö)가 없고 ch를 발음하지 못하기 때문에 이를 피할 수 있는 외래 지명이 발전했다는 것이다. 나치시대 히틀러가 사랑했던 거점도시 뉘른베르크(Nürnberg)도 마찬가지 이유로 영어에서는 Nuremberg(뉴렘베르크)로 표기된다.

발음을 편하게 하는 과정에서 만들어진 외래 지명의 사례로는 네덜란드의 입법, 사법, 행정부가 있는 도시 헤이그가 대표적이다(Kadmon, 1997: 146). 헤이그의 공식 이름은 '백작의 숲'이라는 뜻의 'des Graven hage'에서 유래한 ''s-Gravenhage'였다. 국립국어원 외래어표기법 데이터베이스에는 이 이름의 한국어 표기를 '스흐라벤하허'라고 하고 있다. 그러나 네덜란드어에서 g는 '크'와 '흐'의 중간쯤으로 매우 강하게 발음되므로 '스크라벤하커' 비슷하게 강하게 소리를 내야 한다. 그 발음의 어려움 때문이었는지 네덜란드에서는 그 표기를 Den Haag(한국어 표기는 '덴하흐')로 바꾸었다. 이 이름을 따라 각 언어권에서는 외래 지명을 만들어냈는데, 영어의 The Hague, 프랑스어의 La Haye, 이탈리아어의 L'Aia 등이 그것이다.

언어의 특성에 따라 외래 지명을 만들어낸 사례는 이밖에도 많이 있다. 서울(Seoul)을 스페인어로는 Seúl, 핀란드어로는 Soul로 표기하는 것은 '서울'이라는 발음에 가장 근접하기 위한 언어적 노력으로 이해된다. 다뉴브강(The Danube), 알프스산맥(The Alps)와 같이 여러 언어권에 걸치는 지형물에 영어 외래 지명을 사용하는 것도 언어적 혼란을 막고 소통의 일관성을 유지하기 위한 노력으로 볼 수 있다. 다뉴브강은 6개 언어의 토착 지명

〈도표 7-2〉 영어권에서 사용되는 유럽 도시 외래 지명

한국어 지명	토착 지명	영어 외래 지명	국가
뮌헨	München	Munich	독일
쾰른	Köln	Cologne	독일
뉘른베르크	Nürnberg	Nuremberg	독일
헤이그	Den Haag	The Hague	네덜란드
빈/비엔나	Wien	Vienna	오스트리아
로마	Roma	Rome	이탈리아
나폴리	Napoli	Naples	이탈리아
베네치아/베니스	Venezia	Venice	이탈리아
피렌체	Firenze	Florence	이탈리아
프라하	Praha	Prague	체코
바르샤바	Warszawa	Warsaw	폴란드
모스크바	Москва(Moskva)	Moscow	러시아

(Donau, Dunaj, Duna, Дунав, Dunărea, Дунай), 알프스산맥은 4개 언어의 토착 지명(Alpes, Alpen, Alpi, Alpe)을 갖고 있다.

영어권에서는 유럽의 도시에 대해 다양한 외래 지명을 만들어냈다. 이 중 다른 단어와 결합되어 관용적으로 사용되거나 역사적 인연이 있는 몇 개의 도시 이름(예를 들어 '베니스의 상인'의 베니스, '비엔나커피'의 비엔나, 이준 열사가 들어가려 했던 만국박람회가 열린 헤이그)을 제외하고는 한국어에서는 매우 낯설게 받아들여진다. 〈도표 7-2〉는 그 사례를 보여준다.

Beijing Duck 아닌 Peking Duck
생존력 강한 외래 지명

일반적인 지명이 그렇듯이 외래 지명도 강한 생존력을 가지며 좀처럼 사라지지 않는다. 중국의 수도 베이징(北京)의 사례를 들어보자. 초기에 이곳을 방문했던 유럽의 상인과 선교사들은 남부에서 읽는 방식을 따서 Peking이라 불렀고, 이는 1900년대 초에 우편 행정용으로 채택되었다. 이후 1950년대에 표준 만다린을 기초로 개발된 피닌(拼音, Pinyin) 로마자 표기법에 의해 현재의 발음을 가장 잘 전달하는 Beijing으로 공식화했으나, 각 언어권에서는 Peking(독일)과 그 변형 Pékin(프랑스), Pekín(스페인), Pechino(이탈리아) 등 아직도 처음 사용했던 외래 지명으로 표기한다.

Peking의 생존력은 다른 단어와 결합하여 더욱 강해진다. 베이징의 명물 구운 오리는 여전히 Peking duck이며, 대학은 Peking University이다. 이것은 우리나라에서 월남 국수, 불란서 식당, 이태리타월과 같이 복합 단어에서 외래 지명이 여전히 사용되는 경우와 같은 맥락으로 이해된다.

세계 여러 곳에서 만나는 베이징의 로마자 표기. 北京大學은 Peking이라 표기한 반면(①), 北京師範大學은 Beijing이라 쓴다(②). 홍콩의 한 식당은 Peking이라고 하며(③), 미국 시애틀-타코마공항 한 항공사의 안내판에는 Beijing(Peking)을 병기했다(④). 부산 차이나타운의 한 식당은 Beijing Duck이라 쓰고 있다(⑤). (자료: 北京大學, 北京師範大學 홈페이지; 2014. 1.; 2011. 4.; 2014. 3.)

이러한 외래 지명의 생존력은 가급적 외래 지명의 사용을 자제하라는 유엔의 입장을 무색하게 만든다. 1982년 유엔지명표준화총회는 "국제적인 문제를 야기하는 외래 지명은 사용을 최소화해야 하며, 국가적으로 받아들여지는 표준 이름과 함께 괄호 안에 표기할 것"을 권고하는 결의문을 채택했다. 그러나 어떤 지형물, 특히 국가나 도시에 대해 다른 언어권에서 독특한 이름을 만들어 부르는 것은 사용자의 인식과 언어의 특성에 따른 자연스러운 현상이다. 유엔지명전문가그룹 의장을 지낸 오스트리아의 브로이(Joseph Breu)는 "어떤 언어공동체도 세계의 지명을 정하는 데에 자신의 언어 자원을 사용할 권리가 있으며, 외래 지명은 그러한 언어의 한 부분이다"라고 말한 바 있다(Breu, 1987: 3).

나라 이름에 사용되는 외래 지명은 이 점을 다시 한 번 확인해 준다. 앞

유엔지명전문가그룹(UNGEGN) 산하 외래지명워킹그룹(Working Group on Exonyms)은 당초 외래 지명의 국제적 사용을 줄이는 방법을 논의하기 위해 창설되었으나, 논의의 과정에서 외래 지명이 사용될 수밖에 없다는 사실을 인정하고 외래 지명 사용의 기준을 연구해 보고했다. 이 워킹그룹은 UNGEGN 내에서 가장 활발한 학술논의를 진행하는 그룹으로서, 각국의 외래 지명 사용 추세를 포함한 외래 지명 워크숍 논의의 결과를 일련의 단행본으로 출판한다. ①은 2022년 9월, 코로나 팬데믹 이후 슬로베니아 류블랴나에서 4년 만에 열린 대면회의에서 찍은 단체 사진(Matjaž Geršič 제공)이며 ②는 2018년 9월 라트비아 리가에서 열린 회의결과를 편집한 논문집이다.

서 언급한 오스트리아, 헝가리 사례 이외에도 이집트(Egypt, 토착 지명은 Mişr), 그리스(Greece, 토착 지명은 Ελλάς 또는 Ellás) 등 그 사례는 많다. 조지아의 표기 Georgia(토착 지명은 საქართველო 또는 Sakartvelo), 우리나라 표기 Republic of Korea(토착 지명은 대한민국 또는 Daehanminguk), 일본의 표기 Japan(토착 지명은 日本 또는 Nippon)은 해당 국가가 요청하는 외래 지명을 사용하는 경우다. 체코는 2016년에 Czechia(체키아)를 짧은 형태의 영어 국명으로 사용한다고 공식 선언했다.* 외래 지명은 이렇게 관례적으로 사용되는 특성으로 인해 전통 지명(traditional name)이라 부르기도 한다. 전통 지명은 국제적 맥락에서 더 편한 소통의 수단을 제공한다.

---

* 체코 정부는 2016년 Czechia의 사용을 공고했고, 유엔지명전문가그룹은 2017년부터 이 이름을 국가명 목록에 수록하고 있다. 그러나 긴 형태의 공식 이름은 여전히 Czech Republic이다.

외래 지명 역시 장소 인식과 정체성이 담긴 지명 사용의 중요한 부분이라는 사실은 유엔도 인정한다. 유엔은 각 언어권에서 사용하는 외래 지명의 목록을 만들어 보고할 것을 권고해 왔고, 각국은 이 권고를 충실히 이행하고 있다. 제11차 유엔지명표준화총회(2017. 8, 뉴욕)에서는 외래 지명이 사용될 수밖에 없다는 사실을 인정하고 그 사용의 기준이 보고되었다(수혜언어 환경에서 외래지명을 쓸 수밖에 없는 경우, 지칭의 대상이 수혜언어를 사용하는 공동체에 전통적으로 가까운 관계를 가질 경우 또는 과거나 현재에 중요한 지형물일 경우, 언어경계를 초월하는 지형물일 경우 등). 수년간의 논의 끝에 이 보고서를 제출한 주최는 유엔지명전문가그룹 산하 외래 지명 워킹그룹이었다. 이 워킹그룹이 외래 지명 사용의 유형화, 토착 지명의 발음안내서 출판, 정치적으로 민감한 외래 지명 사용을 위한 지침 작성 등의 수단을 통해 외래 지명 사용을 줄이기 위해 만들어진 소그룹이라는 점(2002년 결성)은 아이러니컬하다.

FYROM은 어느 나라? The Gulf는 어느 만?

FYROM이라는 낯선 이름의 나라를 들어본 적이 있는가? 이것은 '구 유고슬라브 마케도니아공화국'이라는 뜻의 The former Yugoslav Republic of Macedonia 각 단어 첫 글자를 따서 만든 두문자어(acronym)로서 때로 이 긴 이름을 대신해 2019년까지 사용되었던 이름이다. 이 나라가 1991년 유고연방공화국에서 독립했을 때 채택한 이름은 '마케도니아공화국 (Republic of Macedonia)'이었고, 1993년 유엔에 가입할 때도 당연히 이 이름으로 신청했다. 그러나 이것은 바로 남쪽에 접해 있는 그리스의 강력한 반대에 부딪혔다. 마케도니아는 그들이 숭배하는 위대한 조상 알렉산더 대왕이 속했던 나라였고, 따라서 이 이름의 기득권이 그리스에 있다는 것이었다. 그리스 북부에 이미 같은 이름의 지역이 있기 때문에 국제사회에

1991년 독립한 마케도니아공화국의 이름에 대한 그리스의 이의제기는 매우 강력했다. 그리스에서 제작한 지도에는 그리스 북부의 마케도니아주에 'MACEDONIA'라고 표기했고 마케도니아공화국에는 'F.Y.R.O.M.'이라 무심하게 적고 있다(①). 그러나 세계 주요 지도제작사들은 마케도니아공화국에 MACEDONIA 또는 이것을 자국 언어로 표기하는 데에 주저함이 없었다(②). 두 나라의 합의에 따라 이제 모든 지도는 '북마케도니아'의 각 언어로 표기한다 (자료: 『위키피디아』; Oxford New Concise World Atlas, 2009).

서 사용하는 공식 국가 이름으로 사용할 수 없다고 했다.

유엔은 그리스의 주장을 무시할 수 없었고, 여섯 단어로 된 긴 이름을 잠정적으로 사용하자는 절충안을 제시했다. 다른 나라의 영향력에 의해 헌법에 명시된 이름을 국제사회에서 사용하지 못하게 되는 사태가 발생한 것이다. 유럽연합(EU), 북대서양조약기구(NATO), 올림픽위원회(IOC) 등이 이러한 유엔의 관례를 따랐다.

이 국호 분쟁은 2019년 2월 극적으로 타결되었다. 명칭의 대안으로 북마케도니아공화국(Reublic of North Macedonia)이 제시되어 숱한 난관을 뚫고 합의에 이른 것이다. 여기에는 노벨평화상 후보에 오르기까지 한 양국 총리의 리더십이 있었다. 분쟁의 해결은 우리나라에도 영향을 미쳐 2019년 7월 대한민국과 북마케도니아공화국은 대사급 외교 관계를 수립했다.

6·25전쟁 참전국인 우방 그리스와의 관계 때문에 보류했던 수교의 길이 열린 것이다.

지명에 정치적 입김이 작용한 또 하나의 사례를 들어보자. 이란과 아라비아반도 사이에 있는 바다가 이란의 고대왕국 페르시아의 이름을 따서 '페르시아만(Persian Gulf)'이라 불리는 것에 대해서 아랍의 제 국가들은 강력하게 반발하며 '아라비아만(Arabian Gulf)'으로 해야 한다고 주장한다. 그런데 재미있는 것은 제3국인 미국의 입장이다. 1991년 이 지역에 전쟁이 일어났을 때, 미국은 두 이름을 모두 거부하고 'The Gulf'라는 이름을 사용했고 그 전쟁을 '걸프전쟁(The Gulf War)'라고 칭했다. 우리나라 언론도 이 이름법을 따랐는데 속성 요소가 필요함에 따라 '걸프만'이라는 지명을 사용하기에 이르렀고, 이는 의미상 '만만'이 되는 우스꽝스러운 신조어를 만들게 된 것이다.

이란은 '페르시아만'이라고 하는 엄연한 표준지명을 놔두고 다른 이름

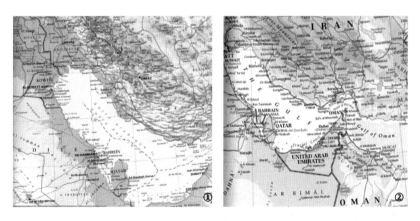

이란과 아라비아반도 사이의 바다에 양쪽의 입장을 모두 반영하여 페르시아만과 아라비아만을 병기한 지도도 간혹 발견된다(① Le Grand Atlas Du Monde, 2011). 미국은 어떤 쪽도 손들어주지 않고 제3의 이름 'The Gulf'를 사용한다(② The TIMES Atlas of the World, 2007).

을 쓰는 미국의 관례에 강력하게 항의한다. 2008년 1월의 언론보도에 의하면, 이란은 이 지역과 관련된 미국 해군의 메시지를 인정하지 않겠다고 했는데, 그 이유가 '페르시아만' 명칭을 사용하지 않았기 때문이라고 했다. 기사의 제목은 "지명 게임이 미국과 이란의 갈등을 강타한다"였다(CNN.com World News, 2008. 1. 24.).

이것은 제3국에서 만들어내는 새로운 지명이 해당 국가를 어떻게 불편하게 하는지 보여주는 사례다. 국가 간 정치적·경제적 관계가 지명의 사용에 영향을 미치며, 그 지명은 다시 두 나라 사이의 관계를 악화시키는 역할을 하는 것이다.

지명은 본질적으로 정치적 요소를 갖는다

지명은 지형물을 지칭하거나 장소를 대표하기 위해 사용된다. 이름의 대상이 갖고 있는 속성과 본질, 역사와 문화, 그리고 그 이름을 부르는 사람들의 인식이 지명에 들어 있다고 볼 때, 이를 나타내는 지명을 선정하는 것은 결코 쉬운 일이 아니다. 여러 종류의 인식과 정체성이 하나의 지명에 들어 있을 때, 그중 하나를 채택하거나 기존의 것을 유지 또는 변경하기 위한 권력관계가 필연적으로 발생하는 것이다. 지명이 본질적으로 정치적 행위의 결과인 이유가 여기에 있다.

지명에 개입되는 권력관계는 지명을 제정하고 사용하는 사회적 주체, 즉 개인과 집단에서 시작한다. 힘 있는 개인과 집단은 그들의 인식과 정체성이 들어간 지명을 부여함으로써 그 이름의 대상을 지배하려 한다. 태평양에 면해 있는 북아메리카 북서부 사례를 보면, 원주민의 이름은 무시당한 채 이 지역에 연이어 들어온 항해사, 탐험가, 이민자들이 붙인 이름이 현재의 지명 경관을 이루고 있음을 알게 된다. 18세기 말 먼저 이 지역에 도착한 스페인 세력이 붙인 샌후안섬(San Juan Island), 피달고섬(Fidalgo Island), 영국 세력이 붙인 밴쿠버섬(Vancouver Island), 퓨젓사운드(Puget Sound), 이후 미국 동부로부터 배를 타고 도착한 초기 이민자들이 붙인 컬럼비아강(Columbia River), 시간이 더 지난 후 스칸디나비아에서 온 이민자들이 개척한 도시의 이름 포울스보(Poulsbo) 등 그 사례는 넘친다.

각 사회적 주체는 특정한 이념과 사상을 지명에 넣기 원한다. 생활권에 위치해 자주 이용하게 되는 도로나 지하철의 이름을 정하는 문제에서는 더욱 민감하게 나타날 수 있다.

서울 안암동의 도로명 사례를 들어보자. 현재의 안암역 위치에서 북쪽으로 난 길을 그 끝에 있는 사찰의 이름을 따서 개운사길로 부른 것은 매우 자연스러운 일이었다. 문제는 도로명주소 체계가 채택된 후 이 길은 지선도로의 위상을, 반면에 이와 연결된 도로, 즉 보문역으로 이어지는 도로인 '인촌로'는 간선도로의 위상을 부여받으면서 시작되었다. 지선도로는 간선도로의 이름을 이용하도록 되어 있는 도로명 지정방법에 따라 개운사길은 '인촌로23길'로 명명되었다.

그러나 개운사와 신도, 그리고 주민들은 이를 받아들일 수 없었다. 논쟁은 일제에 맞선 한국 불교의 정체성, '인촌로' 이름의 근원인 인근 대학 설립자의 친일 논란 등으로 발전하면서 커져갔다. 결국 인촌로23길은 다시 개운사길로 환원되었고, 연결 도로도 함께 개운사1길, 개운사2길로 지정되었다. 2019년 인촌로는 다시 '고려대로'로 바뀌어 그 흔적은 모두 사라지게 되었다.

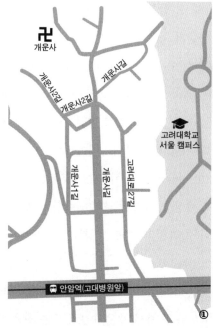

서울 안암동의 개운사길은 도로명주소 체계가 도입되면서 간선도로의 이름을 따서 인촌로23길로 지정되었으나, 사찰, 신도, 주민의 반대로 당초의 이름으로 환원되었다. 연결도로 역시 개운사1길, 2길로 명명되었다. 2019년 인촌로가 '고려대로'로 바뀐 후 그 흔적은 모두 사라졌다(①). 공공시설의 이름은 때로 종교집단 간의 갈등을 일으킨다. 2015년 3월 개통한 서울지하철 9호선 봉은사역은 한동안 이 이름을 개정하려는 움직임과 지키려는 힘이 맞서고 있었다(② 사진 2016. 10.).

지명의 변화에는 반드시 정치적 움직임이 있다

인도에서 가장 큰 금융, 상업, 무역 도시 뭄바이(Mumbai)는 1995년까지 봄베이(Bombay)라 불렸다. 뭄바이는 원주민 공동체의 수호여신 뭄바데비(Mumbadevi)에서 유래했다. 이 도시를 일컫는 오래된 토착 지명으로는 다른 것이 있었으나[카카무치(Kakamuchee)와 갈라준카(Galajunkja)], 16세기 초 포르투갈인이 '훌륭한 작은 만'이라는 뜻의 봄바임(Bombaim)과 뭄바데비가 변형된 마이암부(Maiambu)를 사용하면서 이 두 이름을 중심으로 다양하게 변형되었다. 17세기 이 도시를 차지한 영국인들은 포르투갈 이름 봄바임을 영어식으로 변형해 봄베이로 하였고, 이 이름은 오랜 기간 공식 이름의 위상을 차지했었던 것이다.

1995년 이 도시가 속한 마하라슈트라 주 총선에서 우파인 힌두 민족주의 정당이 집권하면서 도시 이름을 뭄바이로 바꾸었고 연방정부와 지역의 상인, 언론 모두 이를 따르도록 했다. 인도에서 식민주의 잔재를 없애기 위한 이러한 이름 변경은 1947년부터 시작되어 아직도 진행되고 있다, 그동안 모두 60여 개의 주, 도시, 마을의 이름이 바뀐 것으로 집계된다. 이렇게 식민지를 겪었던 사회에서 식민지 이전의 이름 또는 토착 지명을 회복하기 위한 탈식민주의(post-colonialism) 움직임은 쉽게 발견된다.

정복 세력의 정체성과 영향력을 주입하기 위한 지명 변경은 우리나라 서울에서도 발견된다. 일제는 자국의 왕, 장군, 기술자의 이름을 우리 지명에 가져왔고(메이지쵸, 明治町; 하세가와쵸, 長谷川町; 후루이치쵸, 古市町 등), 일본의 정체성을 표현하는 지명을 도입하기도 했다(야마토마치, 大和町; 히노데마치, 日之出町 등)(김종근, 2010). 서울의 이름 경성(京城)도 일본식으로 읽어 게이조라는 엉뚱한 외래 지명을 탄생시켰다. 광복 후 이들은 모두 우리말 지명으로 환원되었다.

베트남 인구 제1의 도시 호찌민시는 건국의 아버지라 여기는 인물의 이름으로 그들이 지향하는 사회주의 이념을 재현한 사례다. 베트남 분단 시대에 남쪽 베트남공화국의 수도 사이공(Saigon)으로 더 잘 알려진 이 도시는 11~12세기 크메르왕국 전성기에는 '숲의 도시'라는 뜻의 프레이노코르(Prey Nôkôr)라 불렸다. 17세기 들어 이 지역에 베트남 민족이 들어오면서 그들은 이곳을 '장작 막대기'라는 뜻의 사이곤(Sài Gòn, 한자어로는 柴棍)으로 불렀다. 이 이름은 크메르인들이 많이 심었던 면화나무에서 유래한 것으로 추정된다. 19세기 중반 이후 이곳을 점령한 프랑스 세력은 그들의

베트남 건국의 아버지로 추앙받는 호찌민은 호찌민 시민의 사랑을 받고 있는 것으로 보인다. 시청 앞에 있는 그의 동상 앞에는 추모의 꽃이 끊이지 않으며(①), 역사(驛舍) 안의 공간에서 시민들은 인자한 그의 모습 아래 자연스러운 대화를 이어간다(②). 그러나 공산화 통일 이후 베트남을 탈출한 보트피플은 아직도 호찌민이라는 도시 이름을 절대 사용하지 않는다고 한다. 호찌민 시의 공항 코드는 여전히 이전 사이공의 유산 SGN을 유지하고 있다. (2007. 5.)

언어에 맞추어 '사이공(Saigon)'으로 표준화했고 이를 세계에 전파했다.

1975년 미국을 비롯한 외부 세력의 영향력을 물리치고 통일 베트남을 이룬 베트남민주공화국(월맹)이 새로운 이름 '베트남사회주의공화국(Socialist Republic of Vietnam)' 아래 나라를 세워가면서, 반대 세력의 중심지였던 사이공의 이름을 프랑스에 대항해 싸운 독립투사이며 북베트남의 지도자였던 호찌민을 기념한 이름으로 바꾼 것은 자연스러운 수순이었다. 베트남민주공화국의 초대 대통령과 인민위원회 위원장을 지낸 그는 통일을 보지 못하고 1969년 병사했다. 당초 그의 이름은 다른 것이었는데, 1940년경에 흔한 베트남 성 '胡'에 '뜻을 밝히다'라는 뜻의 '志明'을 붙여 개명했다고 알려진다. 이 이름은 사회주의 이념을 심기 위한 도시의 이름으로도 적절했을 것으로 보인다.

사회주의 이념이 반영된 지명: 평양의 사례

2011년 말 북한의 지도자 김정일의 장례식이 열렸을 때, 하나의 관심사는 그 행렬이 어떤 경로로 지나갈 것인가 하는 것이었다. 예상대로 그는 아버지와 동일한 길을 따랐다. 영구차는 금수산기념궁전을 나와 금성거리, 혁신거리, 영웅거리, 통일거리, 김일성 광장, 개선문을 거쳐 금성거리에 있는 금수산기념궁전으로 되돌아왔다.

평양은 사회주의 이념이 반영된 지명을 사용되는 대표적인 도시다. 김기혁(2014)에 따르면, 북한은 언어와 지명을 사회주의 혁명의 도구로 삼아 김일성 일가 또는 체제 선전 내용을 담은 이름에 우월한 지위를 부여해 사용하고 있다. 김일성 부자의 장례행렬 역시 '금성'(김일성을 일컫는 말)에서 기원하여 '혁신'적인 행위로 인한 '영웅'이 되어 '통일'을 완성하고 다시 원조 상징물 '김일성 광장'을 거쳐 '개선'하고 '기념궁전'으로 돌아오는 길을 지나감으로써 그들 체제를 확인하고 있다(〈도표 8-1〉).

평양의 지하철역 이름 역시 혁명과 전투를 통한 승리와 개선을 상징하고 있다. 다음 두 노선의 지하철을 타고 가는 상상을 하면서 그들이 주장할 법한 스토리텔링을 완성해 보라.

(천리마선) 봉화역-승리역-통일역-개선역-전우역-붉은별역
(혁신선) 혁신역-전우역-전승역-삼흥역-광명역-낙원역

〈도표 8-1〉 평양시 체제선전 도로의 경로

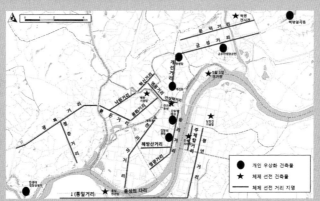

자료: 김기혁, 2014: 48.

영토 분쟁이나 주권의 문제와도 연결되는 지명의 정치성

국제수로기구(IHO)가 발간하는 책자 『해양과 바다의 경계』는 세계 모든 바다의 이름과 경계를 규정한다는 성격으로 인해 각국의 이해가 첨예하게 맞서는 논쟁의 중심에 있었다. 우리에게 중요한 동해 표기 문제도 그중의 하나다. 2010년 7월, 그 개정판 발간을 위한 워킹그룹 논의에서 중국은 느닷없이 바다 이름도 경계도 아닌 육상 지명 표기의 문제를 제기했다. 그것은 다름 아닌 타이완의 표기가 Taiwan이 아니라 Taiwan Dao가 되어야 한다는 것이었다.

중국은 타이완이 나라가 아니라 중화인민공화국에 속한 하나의 섬(島, dao)이기 때문에 이를 분명히 표기해야 한다고 주장했다. 영토 문제에는 관심이 없었던 다른 나라 참가자들의 의아함에 "하나의 중국(One China)" 원칙에 의해 이는 당연한 문제제기임을 덧붙였다. 바다의 이름과 경계를 결정하는 회의에서 엉뚱한 영토와 주권의 문제가 제기된 것이다. 참가국의 어떤 대표도 이에 대해 의견을 제시할 수 없었고 어떤 결정을 내릴 수도 없었다. 물론 유엔 회원국이 아닌 타이완의 의견을 물을 수도 없었다.

이렇게 지명에는 영토 또는 주권의 문제가 담겨 있다. 어떤 지명을 채택해 사용하느냐에 따라 영토와 주권에 관한 입장이 달리 나타나는 것이다. 미국정부의 독도 표기 사례를 들어보자. 미국지명위원회(USBGN)의 데이터베이스는 독도에 대해 '리앙쿠르암(Liancourt Rocks)'이 승인된 표준 명칭임을 밝히고 있다. 이 이름은 1849년 독도를 발견한 프랑스 포경선의 이름을 따라 붙인 것으로서 서양 고지도에 나타나는 외래 지명이다. 이것은 우리나라가 갖고 있는 독도의 영유권을 공식적으로 인정하지 않으려는

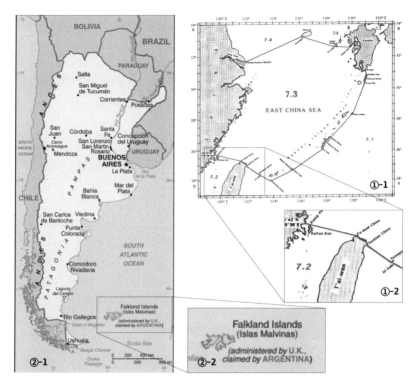

중국은 타이완을 '타이완섬(Taiwan Dao)'으로 표기해야 한다고 주장한다. 나라가 아니라 중국의 한 지역이기 때문이라는 것이다. 바다의 이름과 경계를 규정한 국제수로기구의 책자에도 그 표기를 바꿔야 한다고 주장한다(①). 미국은 남대서양의 포클랜드 제도(Falkland Islands)에 대해서는 아르헨티나 이름 말비나스섬(Islas Malvinas)을 병기하고 있다(②). "하나의 지형물, 하나의 표기"라는 그들의 원칙을 어기고 있는 것이다. (자료: 미국 CIA World Factbook; IHO, 2002)

(그렇다고 일본의 영유권을 인정할 수도 없는) 정치적 결정에 의한 것으로밖에 해석되지 않는다. 이 데이터베이스는 독도를 한때 '지정되지 않은 주권 지역(undesignated sovereignty)'로 분류해서 우리나라에서 큰 문제를 일으킨 적이 있다.*

---

* 2008년 7월, 미국지명위원회의 내부 결정에 의해 독도를 '지정되지 않은 주권지역(undesi-

미국의 독도 표기는 한때 아르헨티나의 섬이었다가 현재 영국이 점령하고 있는 포클랜드제도(Falkland Islands)와 대비된다. 이 경우는 아르헨티나 이름 말비나스섬(Islas Malvinas)을 괄호에 병기하고 다시 괄호의 작은 글씨로 "영국이 지배함, 아르헨티나가 영유권을 주장함"이라고 친절하게 설명하고 있다. 이것은 그들이 동해를 'Sea of Japan' 단독 표기할 수밖에 없는 이유로 드는 "하나의 지형물, 하나의 표기(one feature, one name)"의 원칙과도 어긋난다.

비판지명학의 등장

지명의 제정의 사용, 그리고 변경에 개입되는 권력관계와 정치적 요소를 다루는 분야로 등장한 것이 비판지명학(critical toponymy)이다. 이 분야의 초기 저작 『비판지명학(Critical Toponymies)』에서 편집자들은 이 책의 제하에서 "뚜렷한 형태로 공간을 지배하기 위한 권력의 정치적 실행으로서 지명의 부여 문제를 다루는 논문을 모아 출판하려 했고," 그 결과로 다음 다섯 가지 주제를 다루는 12편의 연구 결과를 편집했다고 밝혔다(Berg and Vuolteenaho, eds., 2009: 1~2).

• 토착 문화를 잠재우기 위한 식민주의하에서의 지명의 역할

---

gnated sovereignty)'로 분류한 것이 알려지면서 국내에 큰 파장을 일으켰다. 당시 이명박 대통령까지 나서서 이 문제를 언급했고, 결국 당초의 분류대로 한국(South Korea)으로 환원되었다. 여기에는 방한을 몇 달 앞둔 부시 대통령의 지시가 있었던 것으로 알려진다. 지명의 환원역시 정치적 결정에 의한 것이었다.

- 도시의 명칭을 통한 민족주의 이상의 부여
- 상업화된 신자유주의 도시 경관과 지명
- 도로명 제정에서 나타나는 정체성과 장소의 갈등 문제
- 탈식민주의 정체성 정립과 지명 복원

비판지명학의 주제는 지명의 제안, 표준화, 사용, 변경(대체 또는 소멸)의 각 단계에 따라 다양하게 나타날 수 있다. 우선 지명의 제안 또는 제정 단계에서는 각 사회집단이 희망하는 지명이 어떤 이데올로기 특성에 따라 어떤 관철의 전략으로 나타나는지, 그리고 어떤 권력기관 또는 기제가 동원되는지가 관심사가 된다. 여기에는 국가나 지자체와 같은 공식적인 공공부문뿐 아니라 종족 또는 언어집단, 시민단체, 이익단체의 역할에도 주목하게 된다(주성재, 2019). 앞서 사례를 들었던 봉은사역이나 개운사길 명칭은 관련된 집단의 뚜렷한 정치적 움직임을 보여준다.

지명의 표준화 단계에서는 지명의 공식화를 위한 절차와 의사결정구조, 그리고 이에 영향을 미치고자 하는 설득의 기제가 재미있는 연구 주제가 될 수 있다. 각 단계 지명위원회 의사결정의 특성, 이에 개입되는 지역주민 또는 단체의 영향력 등이 관심사다. 아울러 국제기구의 지명 표준화 관련 논의의 진행, 특정 지명 주장에 대한 태도와 입장, 그 표현 방법 등도 중요한 시사점을 제공한다.

지명의 사용 단계에서는 지도제작사나 각 국가기관이 제3자의 지명을 사용하는 데에 개입되는 정치적 결정이 관심을 끈다. 어떤 지도제작사가 동해에 'East Sea'를 병기하는 대신에 독도에 일본식 이름을 병기하는 결정을 내리는 것은 우리로서는 매우 아쉬운 일이지만 현실적으로 가능한

도로명과 시민권: 마틴 루서 킹 주니어의 유산

미국의 흑인 인권운동가 마틴 루서 킹 주니어(Martin Luther King Jr.) 목사가 미국 사회에서 갖는 영향력은 아직도 대단한 것으로 보인다. 그 영향력을 엿볼 수 있는 단면 중 하나가 그의 이름을 따서 붙여진 수많은 도로명이다. 미국의 정치지리학자 앨더만(Derek Alderman)은 흥미로운 연구결과를 제공한다.[*]

앨더만에 따르면 2017년까지 킹 목사의 이름을 딴 도로는 모두 955개로 집계된다(street, road, avenue, boulevard 등 모든 속성 요소 포함). 미국 내 41개 주, 수도 워싱턴, 푸에르토리코 자치령에 그 도로가 있다. 이는 그의 이름이 들어간 도로가 없는 주가 9개에 불과하다는 것을 의미한다. 그러나 그 도로는 전통적으로 흑인이 많이 거주해 온 남부에 집중되어 있다. 조지아(132개), 텍사스(107개), 미시시피(97개), 플로리다(93개), 루이지애나(91개) 등 79%가 남부 12개 주에 모여 있다. 인구 1만 명 이하 소규모 도시에 주로 있으며, 이들은 흑인 거주 비율이 높은 곳이다.

마틴 루서 킹 도로명을 정할 때는 항상 찬반 논쟁이 있었다. 찬성 측에서는 모든 인종이 주목할 수 있는 곳에 이름을 부여할 것을 희망한 반면, 반대 측에서는 흑인

---

[*] 앨더만은 이 주제에 관해 1996년부터 시작한 일련의 연구를 수록한 웹사이트(http://mlkstreet.com)를 운영하고 있다. 그는 2018~2019 기간 미국지리학회(AAG) 회장을 역임했다.

선택일 수 있다. 우리 정부에서 포클랜드제도에 '말비나스섬'을 병기하는 것은 아르헨티나와의 관계를 고려한 중요한 정치적 결정일 수 있다.

지명의 변화에 대해서는 원래의 이름을 지키려는 주체와 새로운 이름으로 바꾸려는 주체 간의 분쟁과 갈등이 중요한 연구의 대상이다. 어떤 지명은 더 큰 공간 단위에 대한 이름으로 '스케일 업'하려는 시도를 하기도 한다. 행정구역의 변경, 특히 통합의 결정은 사용가능한 지명의 숫자를 줄임으로써 내 것을 지키려는 팽팽한 힘의 대결이 이루어지는 중요한 계기가 된다. 다음 장에서는 이러한 지명의 분쟁 문제를 별도로 다룬다.

거주 지역에 국한할 것을 주장했다. 장소 이미지가 훼손되어 부동산 가치가 저하될 것을 우려한 부동산 소유자나 사업 운영자의 반대도 심했다. 도로명 부여의 권리를 시민권의 하나로 보고 충분히 보장해야 한다는 쪽에서는 사회 정의의 실현 문제로 연결시키기도 한다. 이렇게 지명 부여를 둘러싼 정치적 문제의 발생, 장소에 대한 인식과 권리의 문제, 지명 분쟁의 전개와 정치적 해결 등은 비판지명학의 중요한 주제가 된다.

미국에는 마틴 루서 킹 주니어의 이름을 딴 도로가 955개 있는 것으로 나타난다. 이들의 79%가 흑인거주 비율이 높은 남부 12개 주에 집중해 있다(①). ②는 로스앤젤레스에서 만난 마틴루터킹주니어 대로의 표지판. (자료: http://mlkstreet.com; 사진 2017. 11.)

09 분쟁과 갈등의 대상, 지명 →

동해 표기 분쟁, 페르시아만/아라비아만 지명 분쟁

우리나라 국민들이 관심을 갖는 대표적인 지명 분쟁은 동해 표기 문제 임이 틀림없다. '동해/일본해' 분쟁으로 알려진 이 문제의 본질은, 한국인 이 2000년 이상 사용해 온 이름 '동해(東海)'를 존중하여 이를 각 언어에서 표기하자는 한국의 제안(영어 East Sea, 프랑스어 Mer de l'Est, 스페인어 Mar del Este, 독일어 Ostmeer, 러시아어 Восточное море 등)에 대해 국제적으로 정착된 'Sea of Japan' 표기에 어떤 변화도 필요 없다고 주장하는 일본의 대응으 로 요약된다.

1992년 한국 정부가 이 문제를 국제사회에 처음으로 제기했을 때 분쟁 으로 인식하는 국가는 별로 없었다. 30년이 지난 지금은 반대로 이 문제 가 분쟁이 아니라고 생각하는 국가는 거의 없다. 이 문제를 국제적인 지명 분쟁으로 만드는 데에 성공한 것이다. 현재 한국의 입장은 이 바다 이름에 대해 인접국 간에 합의가 필요하며, 합의에 이르기 전까지는 두 이름을 함께 쓰자는 것이다. 한국의 제안에 대해 많은 국가의 정부, 전문가, 지도제작사가 반응했고 'East Sea' 또는 이에 해당하는 각 언어의 표기를 함께 쓰는 비율은 꾸준히 증가해 왔다.

동해 수역과 마찬가지로 분쟁 상태에 있는 바다 이름으로는 '페르시아만/아라비아만' 사례가 대표적이다. 그 내용은 국제적으로 더 많이 알려진 이름 페르시아만(Persian Gulf)에 대해 아라비아만(Arabian Gulf)을 사용해야

동해 표기 분쟁의 해결, 불가능한 일을 이루고자 함인가?

한국 정부가 국제사회에서 동해(East Sea) 표기 문제를 처음 제기한 것은 1992년 제6차 유엔지명표준화총회(UNCSGN)에서다. 처음에 일본은 이 문제를 대수롭지 않은 것으로 간주하고 소극적으로 대응했다. 그러나 한국 정부와 민간 전문가의 적극적 활동으로 동해 표기가 확산됨에 따라 2000년대 중반 이후 '일본해(Sea of Japan)' 단독 표기를 지키려는 일본의 반격은 점점 강도를 더하고 있다. 2014년부터는 유엔지명회의에서 한국이 단지 정보 제공을 위해 제출한 바다 이름 세미나 관련 보고서에 대해 일본이 먼저 문제를 제기하기에 이르렀다.

한국은 '동해(東海)'가 2000년 이상 사용되어 왔으므로 이 사실을 존중해서 각 언어의 형태로 함께 표기하자고 제안하는 입장이고, 일본은 'Sea of Japan'이 자국이 어떤 역할을 하지도 않은 상태에서 국제적으로 굳어진 이름이기 때문에 어떤 변화도 필요 없다는 입장을 견지한다. 공유하고 있는 바다 또는 지형물의 명칭에 대해 합의가 필요하며 이것이 불가능할 때는 모든 이름을 함께 쓸 것을 권고하는 IHO와 유엔의 결의문에 대한 해석도 다르다. 이밖에 양측은 국제기구의 사용, 바다 이름 제정의 방법, 항해 안전 등 여러 측면에서 다른 논리를 만들어내고 있다.

그러면 동해 표기 문제의 해결은 평행선을 그릴 수밖에 없는, 불가능한 일을 이루고자 하는 야심 찬 시도인가? 필자는 지명 관련 국제적 논의를 종합하여 동해 표기 문제에 '인간(human)' 관점의 해법을 도입할 것을 제안한 바 있다(Choo,

한다고 주장하는 아랍 국가들의 주장으로 요약된다. 아라비아만을 사용하자는 제안은 1930년대에 당시 바레인 지도자의 영국인 자문역에 의해 처음 이루어졌다고 알려진다. 본격적으로 이 주장이 전개된 것은 1960년대 범아랍주의 또는 아랍민족주의의 등장이 계기가 되었다. 그러나 이를 단순한 정치적 움직임의 결과라고 보는 것은 무리가 있다. 페르시아만이 더 오랜 역사를 가지고 사용된 것은 분명하지만 17세기 초반에 제작된 고지도에 아라비아만(프랑스어 Sein Arabique 또는 영어 Arabian Gulf)이라는 표기도 등장하기 때문이다.

2014a). 해당 지형물 인근에 거주하는 사람들의 인식과 정체성을 반영하고 인류 보편의 평화와 정의라는 가치를 실현하는 표기 방법을 찾아보자는 것이다. 이는 현재 유엔지명회의가 강조하는 초점 중 하나인 '문화유산으로서의 지명'과도 방향을 같이 한다. 외교부 산하 사단법인인 동해연구회가 동해 표기 문제의 해법을 논의하기 위해 매년 개최하는 바다 이름 국제 세미나는 분쟁지명의 해결이 사회 정의, 평화, 교육이 기회 등 인류 보편 가치를 달성하는 길임을 강조하고 있다. 동해 표기 이슈에 관한 종합적 논의는 주성재(2021)를 참조하라.

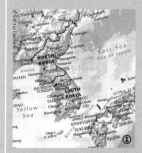

2) Korea beantragte bei der IHO, den Namen East Sea neben dem Namen Sea of Japan zu verwenden.

한국의 동해(East Sea) 병기 제안에 대해 방법의 차이는 있지만 각국의 출판사와 정부는 어떤 형태로든 반응하고 있다. 한국으로서는 East Sea를 먼저 쓰고 Sea of Japan을 괄호에 넣는 것이 가장 좋은 해법이지만(①), 많은 지도는 그 반대의 방법을 사용한다(②). 독일 수로국 발간 해도는 "한국은 East Sea를 Sea of Japan 옆에 표기할 것을 IHO에 제안한다"고 각주에 밝히고 있다(③). (자료: de Blij et al., 2010: 300.; *The TIMES Atlas of the World*, 2007; 독일 수로국.)

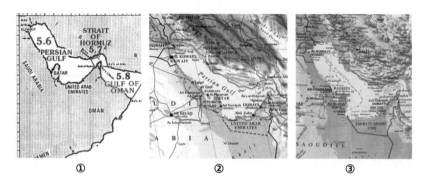

동해 표기 문제가 국제수로기구(IHO)와 유엔지명회의에서 지속적인 논쟁의 대상이 되어온 반면, 페르시아만/아라비아만 문제는 현재 큰 논의가 없다. IHO는 2002년「해양과 바다의 경계」제4판 초안에서 '페르시아만'을 단독표기하고 있다(①). 세계 지도책에서도 페르시아만이 다수지만(②) 아라비아만 단독 표기도 발견된다(③). (자료: IHO, 2002; *Oxford New Concise World Atlas*, 2009; *Le Grand Atlas Du Monde*, 2011)

아랍 국가들의 아라비아만 주장은 최근 잠잠해지는 추세에 있다. 국제수로기구(IHO)가 제작한『해양과 바다의 경계』개정판 초안(2002)에 페르시아만 단독표기가 되어 있음에도 이에 대한 아랍 국가들의 조직적인 문제제기는 없었다. 유엔지명회의에서 동해 표기 문제에 대해서는 관련국들이 지속적으로 자국의 입장을 발언하는 데에 비해 페르시아만 표기에 대해서는 조용하다. 마지막으로 언급된 것은 2006년 제23차 유엔지명전문가그룹(UNGEGN) 회의로서 이때도 페르시아만이 정당하다는 이란의 보고서가 있었을 뿐이다.

어디에나 있는 지명 분쟁

지명은 인간의 인식을 담고 있기 때문에 다양한 형태의 인식은 서로 다른 정체성을 가진 지명을 요구하게 되고 이로 인해 갈등과 분쟁이 발생함은 이미 논의한 바 있다. 지명 분쟁의 양상은 국가와 국가 사이에 발견될 뿐 아니라 지역과 지역 사이, 심지어는 지역과 주민 사이에서도 나타난다. 지명 분쟁은 어디에나 있고, 이에 따라 지명의 분쟁학이 성립하는 것이다.

『위키피디아』는 '지명 분쟁(naming disputes)' 항목 아래 세계 각국의 다양한 사례를 수록하고 있다. 여기에는 앞서 소개한 마케도니아 국명, 동해 표기, 페르시아만 표기 이외에도 앵글로색슨 영국과 아일랜드와 같이 이웃 민족 또는 국가 간 갈등으로 야기된 지명 분쟁, 포클랜드제도/말비나스제도나 센카쿠열도/댜오위다오와 같이 영토분쟁을 동반하는 표기 문제, 알래스카의 맥킨리/디날리산 문제나 남아프리카공화국의 프리토리아/츠와니 같은 한 국가 내의 갈등까지 다양한 차원과 스케일의 지명 분쟁이 소개되어 있다. 분리 이전의 체코슬로바키아에서 체코와 슬로바키아 사이에 하이픈을 넣을지 말지의 문제(일명 하이픈 전쟁)와 같이 제3자가 볼 때는 작은 문제인 것처럼 보이는 것도 있다. 이 중에서 분쟁의 주체와 내용, 그리고 진행상황이 뚜렷한 것을 정리하면 〈도표 9-1〉과 같다.

바다 이름의 분쟁에 대해서는 미국의 저명한 정치지리학자 알렉산더 머피(Alexander Murphy)가 체계적인 지식을 제공해 준다(Murphy, 1999). 그는 바다, 만, 해협과 같은 해양지형의 이름은 육상지형보다 국가 간 분쟁의 소지가 더 많음에 주목했다. 그 주된 이유는 해양지형이 영해, 공해, 경제수역 등으로 복잡하게 구성되어 있을 가능성이 크다는 특성에서 비롯된다. 어떤 경우에는 국경을 넘어 존재하기도 하고 하나의 주권 지역을 초월하여 존재하기도 한다. 그 수역이 여러 나라로 둘러싸인 내해(inland sea) 또는 지중해(mediterranean sea)의 형태를 가질 때 분쟁의 가능성은 커진다.

머피는 국가명을 사용하는 해양 지명이 분쟁을 일으키는 경우가 많다

〈도표 9-1〉 세계의 주요 지명 분쟁

분쟁의 이름	분쟁의 대상·주제·내용	현재 사용	특기사항
데리/런던데리 분쟁	북아일랜드 소재 도시에 대해 아일랜드 민족주의자의 데리(Derry)와 통합주의자의 런던데리(Londonderry) 분쟁	공식적으로는 Londonderry, 지방정부는 Derry City and Strabane라 부름	북아일랜드 철도공사는 두 이름 병기 또는 혼합 사용
딩글/다인게안 분쟁	아일랜드 동남부 항구 마을에 대해 영어 이름 딩글(Dingle)과 아일랜드어 이름 다인게안(Daingean Uí Chúis) 사용에 대한 내부 갈등	아일랜드어로도는 다인게안, 영어로는 딩글을 공식 명칭으로 사용	도로표지판은 아일랜드어로만 표기함
디날리/매킨리 분쟁	미국 알래스카 최고봉의 영어식 이름 맥킨리(McKinley)에 대해 원주민 이름 디날리(Denali)를 사용하자는 제안으로 시작된 국내 갈등	2015년 오바마 대통령이 알래스카 방문에 맞추어 디날리로 전격 개명	
프리토리아/츠와니 분쟁	남아프리카공화국의 도시 프리토리아(Pretoria)를 츠와니(Tshwane)로 개명하자는 제안을 둘러싼 분쟁	남아공지명위원회에서 2005년 개명을 승인했으나 상위 기관인 예술문화부에서 더 연구가 필요하다는 이유로 승인하지 않고 있음	
베를린/키치너 지명 변경 문제	제1차 세계대전 발발 후 반독일 정서가 등장함에 따라 캐나다 온타리오주의 도시 베를린(Berlin)을 개명하자는 주장과 존치하자는 주장 간의 갈등	1916년 주민투표에 의해 개명을 결정했고, 제안된 지명에 대한 2차 투표로 키치너(Kitchener)를 제택함	
하이픈전쟁	벨벳 혁명(1989) 이후 사회주의를 벗어난 체코슬로바키아 공화국(Czechoslovak Republic)에 동일 지위를 부여하기 위해 하이픈을 넣어 Czecho-Slovak Republic으로 하자는 제안	Czech Republic과 Slovakia의 두 나라로 분리(1993)	1990년에는 Czech and Slovak Federative Republic 사용

분쟁명	분쟁 내용		결과 및 현황
마케도니아 국가명 분쟁	마케도니아가 채택한 국가명 Republic of Macedonia에 대해 이름 사용을 안 된다는 그리스의 주장으로 야기된 분쟁	2019년 양국 합의에 의해 북마케도니아공화국(Republic of North Macedonia)로 결정됨	국호 결정 후 대한민국-북마케도니아공화국 간 수교가 이루어짐(2019.7)
쉬네르웰란/슐레스비히 분쟁	덴마크 유틀란트 남부지역에 대한 덴마크어 이름 쉬네르웰란(Sønderjylland)과 독일어 이름 슐레스비히(Schleswig) 사이의 갈등	1920년 두 지역으로 분리되면서 북쪽은 덴마크 영토 쉬네르웰란으로, 남쪽은 독일 영토 슐레스비히라 부름	「쉬네르웰란-슐레스비히 하」 지역이란 이름으로 긴밀히 협력함
동해/일본해 표기 분쟁	일본해(Sea of Japan)를 표기에 한국이 사용하는 동해(East Sea)를 함께 사용하자는 제안을 둘러싼 분쟁	IHO에서 숫자로 된 고유 식별자로 명칭을 대체하는 디지털 문서 개발 중	두 이름 병기의 추세가 증가함
페르시아만 지명 분쟁	페르시아만(Persian Gulf)을 아라비아만(Arabian Gulf)이라고 부르자는 아랍 국가들의 제안을 둘러싼 분쟁	IHO 「해양과 바다의 경계」 제4판 초안(2002)에 페르시아만만 단독 표기	
센카쿠/댜오위다오 분쟁	동중국해 상에 일본이 점유하고 있는 센카쿠 제도 (尖閣諸島)에 대해 영유권을 주장하는 중국어 이름 댜오위다오(釣魚鳥) 사이의 갈등	일본이 센카쿠 제도라는 이름으로 점유함	영토 분쟁으로 촉발됨
포클랜드 제도/말비나스섬 분쟁	아르헨티나 인근에 영국이 지배하고 있는 포클랜드 제도(Falkland Islands)에 대해 부당한 점유임을 주장하는 아르헨티나의 이름 말비나스섬(Las Malvinas) 사이의 갈등	영국이 포클랜드 제도라는 이름으로 점유함	영토 분쟁으로 촉발됨. 미국지명위원회 데이터베이스는 두 이름을 모두 수록

고 보고, 이를 분쟁의 정도에 따라 세 가지 범주로 나누었다. 앞서 살펴본 동해나 페르시아만 표기 이외에 베트남 동쪽의 바다 남중국해(South China Sea)에 대한 베트남 이름 비엔동(Bien Dong)의 경우를 강한 분쟁의 사례로 보았다. 중간 정도의 분쟁이 있는 경우로는 영국 해협(English Channel)과 라망쉬(La Manche), 비스케이만(Bay of Biscay)과 가스코뉴만(Golfe de Gascogne)이 속했다. 그러나 노르웨이해(Norwegian Sea), 멕시코만(Gulf of Mexico), 핀란드만(Gulf of Finland), 아일랜드해(Irish Sea), 솔로몬해 (Solomon Sea)와 같이 다수는 세 번째 범주, 즉 분쟁이 없는 경우였다.

그는 이어 국가명을 따라 바다 이름을 붙이는 경우 분쟁을 발생시키는 세 가지 잠재 요인을 말한다. 하나는 제2차 세계대전 이후 현대적 영토국

국립공원 이름만으로는 부족했던 디날리(Denali) 지명

미국 알래스카주 최고봉의 이름 맥킨리산(Mount McKinley)을 디날리산(Mount Denali)으로 바꾸자는 제안은 1975년 알래스카 주의회가 연방 정부에 요청함으로써 시작되었다. 미국 정부가 맥킨리를 공식 지명으로 채택한 것이 1917년이었으니 무려 60년 가까이 지난 이후였다. 알래스카 주의회는 현지 아타바스칸 원주민의 코유콘(Koyukon)어로 '높은 것'이라는 뜻을 가진 디이나알리이(Deenaalee)에서 유래한 디날리(Denali)가 지역에서 일반적으로 사용되는 이름이라고 주장했다.

'맥킨리산'은 1896년, 한 금광 탐사자가 당시 대통령에 출마했던 맥킨리(William McKinley)의 이름에서 가져와 처음 사용했다. 맥킨리 후보는 금본위제도의 강력한 지지자였으니 이 이름은 매우 정치적인 의도를 가진 것이었다. 맥킨리 후보는 대통령에 당선되어 이듬해 임기를 시작했으나 1901년 임기를 마치지 못하고 암살당한다. 미국지명위원회는 그의 사후 16년이 지나 '맥킨리산'을 공식 이름으로 채택했다.

이름 변경을 위한 알래스카 주의회의 제안은 번번이 맥킨리 대통령의 정치적 근거지였던 오하이오주 의원의 방해에 막혀 좌절된다. 그러다가 절충안이 등장한 것은 1980년, 1917년 지정되었던 맥킨리 국립공원(McKinley National Park)을 확대

재편하면서 「디날리 국립공원 및 보호구역(Denali National Park and Preserve)」으로 하는 법안에 카터 대통령이 사인함으로써 이루어졌다. 그러나 디날리 주창자들은 이에 만족할 수 없었다. 그들은 오히려 산과 공원을 다른 이름으로 부르는 것이 혼란을 일으킬 뿐이라 주장했다.

막혀 있던 지명 변경 제안은 2015년 들어 급물살을 탔다. 1월에 알래스카 상원의원은 지명 변경 법안을 제출했고, 6월 국립공원공단은 디날리 이름을 채택하는 데에 어떤 반대도 없다는 의견을 제시했다. 8월 30일 일요일에 내무부장관은 연방법이 부여한 권한 내에서 이 산의 이름을 디날리로 변경한다는 것을 공지했다. 오바마 대통령이 알래스카에 도착한 것이 8월 31일이었으니(기후변화와 관련된 메시지를 주는 것이 주된 방문 목적이었다), 그가 가져올 예정된 선물에 따라 일련의 시나리오가 실행된 느낌을 지울 수 없다. 미국 지명위원회는 8월 31일 이후 수개월 동안 이 지명 변경에 관한 내용을 그 홈페이지 첫 화면에 게시한 바 있다.

'높은 것(the high one)'이라는 뜻의 원주민 이름 디날리산(Mount Denali)으로 다시 태어난 북아메리카 최고봉은 멀리서 보아도 이름 그대로의 느낌을 받을 수 있었다(①). 맥킨리 이름을 유지하려는 쪽에서는 1980년 「맥킨리 국립공원」을 보호구역으로 확대 지정하면서 「디날리 국립공원 및 보호구역」이라 하면 충분한 절충이 되리라 믿었다. 그러나 이는 디날리 주창자들을 만족시킬 수 없었고, 그들은 마침내 2015년 8월 31일 목적을 달성했다. 디날리 역에는 '맥킨리 국립공원' 당시의 사진이 전시되어 있다(②). '디날리 국립공원 및 보호구역'이라 쓴 순회 버스가 탐방객의 이동을 돕고 있다(③). (2016. 7.)

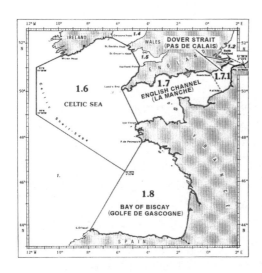

정치지리학자 머피가 중간 정도의 분쟁이 있는 바다로 분류한 영국해협과 비스케이만은 국제수로기구(IHO)의 「해양과 바다의 경계」 제4판 초안(2002)에 '라망쉬'와 '가스코뉴만'과 함께 표기되어 있다. 아울러 도버 해협(Dover Strait)은 칼레 해협(Pas de Calais)과 병기되어 있다. 이것은 이름이 합의되지 않은 바다에 대해서는 양쪽의 이름을 모두 존중할 것을 권고한 IHO의 결의에 의한 것이다. 이 결의는 East Sea를 Japan Sea와 병기하자는 한국의 주장에 유용한 근거가 된다. (자료: IHO, 2002)

가 체제가 안정되어감에 따라 모든 국가들이 자국의 정체성을 정립하는 데에 주력하게 되었다는 점이었고, 또 하나는 민족주의의 힘이 각 사회를 구분하는 매우 강력한 지각적·기능적 기제로 작용하게 되었다는 점이었다. 아울러 인접 국가 간에 정치적·경제적 헤게모니의 역사나 갈등의 역사가 존재할 때 지명 분쟁은 증폭된다는 점을 강조했다. 이러한 상황에서 여러 나라 중 한 나라의 이름을 사용하는 바다 이름은 그 나라가 소유하거나 통제권을 행사한다는 느낌을 야기하게 되어 다른 국가에서 용납할 수 없다는 것이다. 머피가 말한 분쟁 요인을 보면 모두 한국과 일본의 관계에 적용되는 것이니, 그 사이 바다 이름에 문제가 없는 것이 오히려 이상한 듯하다.

그러면 지명을 둘러싼 갈등은 왜 끊임없이, 세계 모든 지역에서, 한 국가 내에서 또는 국가 간에 발생하는가? 장소에 대한 생각의 차이가 근본적인 원인임은 분명해 보인다. 지명이 다양한 단면을 갖는 인식과 정체성을 수용하지 못할 때 문제는 지속된다. 지명을 통해 장소를 점유하려는 욕구는 권력에 대한 지향성과 더불어 끊이지 않고 나타난다. 해결되지 않은 지명 분쟁은 언제든 다시 살아날 가능성이 있다.

두 지역을 걸치는 대상에 많이 나타나는 지명 분쟁

"저 산은 내게 우지 마라 우지 마라 하고, 발 아래 젖은 계곡 첩첩 산중 저 산은 내게 잊으라 잊어버리라 하고 내 가슴을 쓸어내리네"로 시작하는 노래 '한계령'이 발표된 것은 1997년이었으나, 대중에게 많이 알려진 것은 수년이 지난 후 유명 포크가수의 목소리로 전해지면서부터다. 강원도 인제군에서는 2013년, 이 고갯길 정상에 노래비를 세우려 했으나 뜻밖의 문제에 부딪혔다. 노래비 건립 부지가 인접 양양군에 걸쳐 있었던 것. 양양 지역 향토사학자와 시민단체는 수년 전부터 '한계령(寒溪嶺)'이 일제강점기에 창지(創地) 개명된 것이고 고문헌과 지도에 나타난 이름은 '오색령(五色嶺)'이라 주장했던 것이다.

양양 쪽의 '오색령' 주장과 개명 운동은 이미 몇 년 전 인제군이 '한계령'으로 표기된 다른 문헌을 제시하고 오색령이 지칭하는 곳의 위치 문제가 제기되면서 잠잠해지는 듯 보였다. 그러나 노래비라는 대중 친화적 수단은 이 문제가 다시 불거지게 하는 계기가 되었다. 결국, 한계령 노래비는 세워지지 못했고, 그 고갯길에 있는 휴게소에는 한계령과 오색령을 각각 보여주는 표지판과 표석이 함께 존재하는 어색한 모습이 연출되고 있다. 현재 언론에서는 이곳을 지칭할 때 각 이름뿐 아니라 '한계령(오색령)', '오색령(한계령)', '한계령(옛 오색령)' 등 다양한 방법으로 병기한다.

한계령을 오색령으로 불러야 한다는 양양 지역의 정서는 여전히 진행 중이다. 설악산의 멋진 풍광을 보여주는 휴게소(①)에 인제군 쪽에는 '한계령' 표지판이(③), 양양군 쪽에는 '오색령' 표석이 놓여 있다(④). 오색령 표석은 2005년에 설치했던 것을 '백두대간'이라는 말을 덧붙여 2016년 9월 더 큰 규모로 세운 것이다. 이 고개를 넘어 양양 쪽으로 가는 길에는 "한계령을 지나며"라는 시비(詩碑)가 관갱객을 맞이해 준다(②). (2018. 3.)

이처럼 두 지역에 걸치는 지형물은 양쪽에 각기 다른 문화적 유산과 인식이 존재할 수 있으로 인해 지명 분쟁의 가능성도 높아진다. 하나의 자연지형에 대해 다른 이름이 존재함으로써 나타난 한계령-오색령 분쟁과 달리, 자연지형의 이름을 누가 사용하는가를 둘러싼 분쟁도 있다. 소백산면 제정이 대표적인 사례다.

경북 영주시의회는 2012년 '단산면(丹山面)'을 '소백산면(小白山面)'으로 바꾸는 조례안을 통과시켰다. '단산'이 단양군의 옛 이름인 데다 '붉은 산'이란 이미지도 좋지 않다는 이유로 제출된 단산면민의 청원(주민 82%가 동의했다고 함)을 받아들이는 형식이었다. 그러나 소백산을 함께 접하고 있는 충북 단양군은 강력히 반발했고, 소백산이 특정 지역의 소유물이 될 수 없다는 이유로 행정자치부 중앙분쟁조정위원회에 조정을 신청했다. 위원회는 소백산과 같이 여러 지자체에 걸쳐 있는 고유 지명을 특정 지자체가 행정 지명으로 사용하면 이웃 지자체와 불필요한 갈등이나 분쟁이 발생할 수 있다며 단양군의 손을 들어주었다.

영주시는 하위 행정구역의 개명을 막는 것은 자치권을 침해한 것이라고 주장하면서 대법원에 이의를 신청했다. 대법원은 4년의 심리 끝에 영주시의 이의를 기각했다. 한 지방자치단체의 소백산 명칭 선점이 다른 지자체와 주민의 이익을 침해할 우려가 있다는 이유였다(≪서울신문≫, 2016. 7. 24.). 이 대법원의 판결은 앞으로 두 지역이 공유하는 지형물의 이름 사용에 중요한 길잡이가 될 것으로 보인다.

한계령-오색령 분쟁이 순수한 자연 지명 분쟁이라고 한다면 소백산면 분쟁은 자연 지명을 사용하는 행정 지명 분쟁이라 할 수 있다. 소백산면의 경우는 적극적인 지명 사용을 위한 분쟁이 아닌, 다른 주체가 사용하는 것을 막기 위한 분쟁으로서 특수하다.

국토 구조의 변화가 지명 분쟁을 일으킨다?

국토는 끊임없이 변화한다. 인구와 경제적·사회적 영향력이 지속적으로 늘어나는 도시가 있는 반면, 고령화와 저출산을 겪으면서 인구가 줄어들고 경제기반이 쇠퇴하는 지역도 있다. 지역불균형을 해소하거나 부족한 주택을 공급하기 위해 신도시를 건설하기도 한다. 국토 모든 곳의 접근성을 높이기 위해 철도와 도로를 놓고, 바다와 강을 가로지르는 다리와 산을 뚫는 터널을 짓는다. 변화한 여건에 있는 지역을 관리하기 위해 행정구역의 개편이 이루어지기도 한다.

이러한 국토구조의 변화는 필연적으로 새로운 지명 수요를 창출하고 기존 지명의 변화를 가져온다. 새로 지어진 다리와 터널, 고속도로와 그 나들목, 철도와 지하철 역, 신도시에 신설된 행정구역과 도로는 모두 새로운 이름을 필요로 한다. 통합된 행정구역은 기존 이름에서 하나를 택하든지 새로운 이름을 가져와야 한다. 문제는 이들이 대부분 지명을 선점하려는 지역의 이해에 노출되어 있음으로 인해 분쟁의 소지를 갖고 있다는 것이다.

두 지역을 잇는 교량과 터널은 최근 가장 많이 나타나는 분쟁의 대상이다. 양쪽 끝에 있는 지역이 모두 자신의 이름을 넣기 원하기 때문이다. 그 해결은 원만한 합의에 의해 이루어지기도 하지만(동백대교, 이순신대교, 김대중대교), 제안된 두 개의 이름을 병기하기도 하고(대동화명대교, 구리암사대교), 여러 차례의 논의 끝에 지명위원회의 직권으로 결정(팔영대교, 용마터널)되기도 한다.

고속도로의 이름에 대한 갈등도 있다. 2011년 개통된 순천완주고속도로는 때로 전주광양고속도로로 불리기도 하며 두 이름이 병기되기도 한다. 순천의 일부 시민단체들이 이를 반대하고 나섰다. 순천시 해룡면이 출발점이고 완주군 용진면이 종점이라는 이유에서였다. 그러나 광양시는 이 고속도로가 광양항으로 오고 가는 물류의 활성화를 위해 건설된 것이며 전주와 광양이 실질적인 기종점임을 강조했다. 이 사례는 인공 구조물의 이름을 법적·행정적(de jure) 공간을 따라 붙일 것인지, 아니면 실제적(de facto) 공간을 고려할 것인지의 측면에서 아산시에 위치한 고속철도 역사 명칭 결정에서 겪었던 분쟁 사례와 유사하다. 이 역의 공식 명칭은 '천안아산역(온양온천)'이다.

고속도로 나들목 이름 결정에는 공공기관과 지방자치단체 사이에 갈등

긴 이름 '천안아산역(온양온천)'의 탄생

천안 지역을 통과하는 고속철도의 역 이름을 '천안아산'으로 하려는 결정은 아산 시민들의 큰 반대에 부딪혔다. 그 역사의 위치는 천안시 중심에 가까이 있었으나, 행정구역으로는 아산시였기 때문이다. 사업 주체인 건설교통부는 아산시를 달랠 수 있는 방안을 찾은 끝에 아산시의 명소인 온양온천을 부기하는 아이디어를 냈다.

문제는 이것이 단순히 온천의 이름이 아니라 지역을 대표하는 이름임을 보여주는 일이었다. '온양'이라는 지명이 이미 '아산'에게 자리를 내주고 위상이 축소되어 있었 기에 더욱 그랬다. 자문을 의뢰받은 대한지리학회는 다음 요지의 의견을 제시했다.

‣ 현재 '온양'이 행정구역 이름에서 사라졌음에도 불구하고, '온양온천' 이름은 널리 사용되고 있으며 일반 국민에게 인지도가 높다.
‣ '온양온천' 명칭은 온양이라는 행정구역에서 비롯되었으나 600년 가까운 기간 동안 사용되면서 지역의 대표 브랜드 또는 명소에 대한 명칭으로 발전했다.
‣ '온양온천'은 온천이라는 특화된 기능을 가진 이 지역의 명소를 일컫는 명칭으 로 보는 것이 타당하다.

이 의견을 참고하여 건설교통부는 2003년 11월, '천안아산역(온양온천)'을 역 이름으로 확정, 고시했다. 그러나 아산 쪽의 반대는 수그러들지 않았다. 결국 일단 의 시민은 역 이름 결정취소 소송을 냈다. 대법원까지 간 이 청구소송은 2006년 2 월 기각되었다. 주목할 것은 "행정관습법이나 조리 상으로 역명 결정에 지역민들 에게 특별한 신청권이 있다고 볼 수 없다"고 한 대법원의 판결이었다(≪머니투데 이≫, 2006.2.23.). 오늘날 지명 제정에 있어 제시되는 지역의 강력한 의견에 대응 하는 데에 참조할 만한 대목이다

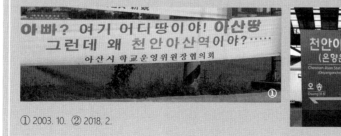

① 2003. 10. ② 2018. 2.

이 발생하기도 한다. 세종시가 출범함에 따라 고속도로를 관리하는 한국 도로공사는 동공주 IC를 서세종 IC로, 남유성 IC를 남세종 IC로 변경했다. 나들목의 이름은 행정구역 명칭을 따라 붙인다는 내규에 따른 것이었다. 원래 이름을 갖고 있던 공주시와 대전 유성구는 이에 반발했다.

세종시 행정구역 제정의 사례는 지방자치단체와 주민 사이에도 갈등이 발생할 수 있다는 것을 보여준다. 세종시는 한글을 창제하신 세종대왕의 뜻을 받들어 순우리말 지명을 도입했다. 그러나 이 과정에서 주민들은 편치 않았다. 연기군 남면 방축리와 고정리는 세종시 도담동과 고운동으로, 공주시 장기면 당암리는 세종시 다정동으로 변경되었다. 주민들은 새로운 순우리말 이름을 낯설어했고 역사성과 향토성이 내포된 원래의 이름으로 되돌려줄 것을 원했다. 그러나 시 관계자들은 두, 세 개의 마을을 하나의 법정동으로 만드는 과정에서 어느 하나의 이름을 쓰는 것은 갈등으로 비화할 수 있다는 점을 고려해 새로운 이름을 도입했다고 전해진다(≪연합뉴스≫, 2012.7.10.).

경합에서 갈등으로, 다시 갈등에서 분쟁으로

지명에 대한 다른 생각이 모두 분쟁으로 발전하는 것은 아니다. 초기 단계는 하나의 지형물이 두 가지 이상의 지명으로 지칭되는 경합(contest)의 단계다. 아직 하나의 표준화 또는 공식화된 지명이 존재하지 않으며 여러 지명을 사용하는 것이 허용 또는 관용된다. 도시화나 교외화, 또는 새로운 인공 시설물의 건설이 이루어지면서 몇 개의 지명이 나타나 경합을 벌이는 것이 대표적인 경우다. 국제적으로는 영토, 영역, 언어권의 변화로 인해 새로운 지명의 수요가 나타나면서 몇 개의 지명이 사용되기도 한다.

경합 단계의 지명은 단일 지명을 채택하는 과정을 거치면서 갈등 (conflict)의 단계로 발전한다. 정치적, 경제적, 문화적 이해를 달리하는 사회집단이 공고하게 결속되면서 각 집단의 이해를 반영하는 지명으로 공식화하기 위한 시도가 가시화된다. 새로운 인공 구조물이 건설되고 있을 때 그 이름을 선점하기 위한 각 지방자치단체 또는 지역 이익단체의 개별적 활동이 일으키는 갈등이 대표적인 경우라고 할 수 있다.

지명의 표준화 또는 공식화의 과정이 진행되면서 지명을 둘러싼 갈등의 요소가 외부로 표출되어 대립하는 행동으로 가시화될 때 이는 분쟁 (dispute)의 단계에 돌입한 것으로 볼 수 있다. 상반되고 배타적인 의견이 여러 매체를 통해 나타나고, 때로는 해결을 위한 법적, 제도적 조치를 요구하기도 한다. 앞서 들었던 사례들은 모두 이미 분쟁의 단계에 있는 지명들이다. 〈도표 9-2〉는 지명의 경합, 갈등, 분쟁 단계를 모식적으로 보여준다.

〈도표 9-2〉 지명 분쟁의 발전 단계 모델

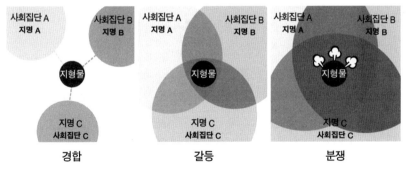

지명에 대한 다른 생각은 경합, 갈등, 분쟁의 단계를 거쳐 발전한다. 각 단계를 거치면서 각 사회집단이 원하는 지명을 관철하기 위한 가시적인 행동은 점차 본격화된다. 그러나 지명의 경합이 모두 분쟁으로 발전하는 것은 아니다. 반면에 특정 권력집단의 일방적인 결정은 경합과 갈등의 단계 없이 바로 분쟁의 단계로 진행되기도 한다. (자료: Choo et al., 2014)

1990년대 우리나라 행정구역 개편에서 있었던 지명의 결정을 이러한 경합, 분쟁, 갈등의 시각으로 볼 수 있다. 두세 개의 행정구역 이름은 자연스럽게 경합의 대상이 되어 나타났다. 결정을 위한 과정이 진행되면서 각 지명은 역사성, 인지도, 브랜드 가치 등 서로 다른 정당성을 내놓으며 갈등했다. 이 중 일부는 수차례의 주민투표나 집회 또는 시위로 이어지며 분쟁으로까지 발전했다.

이와는 다르게 오늘날 국제적으로 관찰되는 주요 지명 분쟁은 경합과 갈등의 단계를 거치지 않고 바로 강력한 분쟁의 단계에 이른 것으로 보는 것이 타당해 보인다. 이들 대부분은 초기에 우위를 점유하는 권력집단의 정체성을 반영하는 지명으로 보편화, 표준화되며, 이와 다른 정체성을 가진 집단의 지명은 그 역사성에 상관없이 훨씬 이후에 알려진다. 지명 제정 또는 통용의 역사, 각 집단이 가진 권력의 위상, 지배와 피지배 등, 이러한 복잡한 지명 분쟁의 요소는 그 해결도 단순하지 않은 문제로 만드는 요인으로 작용하는 것이다.

갈등의 단계에서 해결된 행정구역 개편의 지명 결정

1995년에 있었던 우리나라 행정구역 개편은, 중심 시와 주변 군을 통합한 도농통합시를 만들어 재정 확보 및 행정 비용 감소, 도시 용지 확보, 도시 시설 배치 등 여러 측면에서 규모의 경제를 이루고자 하는 것이 핵심이었다. 통합의 과정에서 중요한 두 가지 결정이 있었는데, 하나는 통합시 청사의 위치였고 또 하나는 통합시의 명칭이었다. 건물의 문제는 어디가 되었든 제1청사, 제2청사로 하면 되는 것이어서 큰 문제가 되지 않았으나, 명칭의 문제는 지역의 정체성과 자존심이 걸린 심각한 문제로 발전할 수 있었다.

시와 군의 이름이 같은 경우는 전혀 문제되지 않았다. 총 40개 통합시 중 20개가 이에 해당했다(춘천, 삼척, 원주, 공주, 서산, 천안, 제천, 김제, 남원, 나주, 광양,

안동, 상주, 영천, 경산, 경주, 울산, 밀양, 창원, 김해). 이름이 다른 20개의 경우, 대부분 각자의 논리를 내세우며 선택의 타당성을 호소했다. 역사성과 지명도(온양 시와 아산군, 선산군, 보령군, 익산군), 인지도와 경제력(대천시, 구미시) 등이 그 것이었다.

그러나 이러한 갈등이 분쟁으로까지 발전한 것은 일부였다. 지상현(2012)은 통합시 명칭 결정에 정치적 과정이 중요한 역할을 했음에 주목했다. 결정 과정을 주도한 시·군 의회 의원 수와 지역 주민 수로 대표되는 정치적 자산이 많은 곳의 이름이 대부분 선택되었다는 것이다. 예외는 의원 수가 적고 지역 주민이 적음에도 선택된 익산(이리 아닌), 통영(충무 아닌), 사천(삼천포 아닌)과 의원 수가 적었던 김천(금릉 아닌)뿐이었다. 이 결과는 지명을 둘러싼 갈등이 분쟁으로 이르는 것을 막는 데에, 더 확대하면 분쟁을 해결하는 데에 정치적 해법이 주효하다는 해석을 가능하게 해준다.

시와 군의 이름이 다른 경우, 결정된 통합시의 이름은 다음과 같다. 통합 전의 이름이 현재 사용되는지의 여부에 따라 다음 세 가지로 나눈다.

① 채택되지 않은 시, 군의 명칭이 작은 행정단위의 이름으로 아직 사용되는 경우(괄호는 통합 전의 이름과 현재 사용하는 이름)

강릉시(명주군-명주동), 거제시(장승포시-장승포동), 구미시(선산군-선산읍), 군산시(옥구군-옥구읍), 문경시(점촌시-점촌동), 보령시(대천시-대천동), 순천시(승주군-승주읍), 아산시(온양시-온양동), 여수시(여천시·여천군-여천동), 영주시(영풍군-풍기읍), 평택시(송탄시-송탄동), 포항시(영일군-영일읍)

② 채택되지 않은 시, 군의 명칭이 소멸된 경우(괄호는 소멸된, 통합 전의 이름)

김천시(금릉군), 남양주시(미금시), 사천시(삼천포시), 익산시(이리시), 진주시(진양군), 충주시(중원군), 통영시(충무시)

③ 기타

마산시(창원군 일부)

※ 마산시 내에서 '창원' 명칭이 사용되지 않았다는 점에서 ②로 분류할 수 있겠으나, 창원군의 또 다른 일부가 창원시로 편입되었으므로 이는 별개의 경우로 보는 것이 타당하다. 2010년 마산, 진해, 창원의 통합시 명칭이 창원으로 결정되었고 현재 마산과 진해는 '마산회원구', '마산합포구', '진해구'로 남아 있다는 점을 고려할 때, 현재는 ①로 분류하는 것이 적절하다.

지명 분쟁의 해결을 위한 지침이 작동하는가?

국가 내에서 발생한 지명 분쟁을 해결하는 가장 좋은 방법은 해당 사회집단, 지방자치단체, 주민들이 자발적으로 합의하는 것이다. 그러나 타협이 어려워질 경우 상위 행정기관이나 위원회의 중재와 조정을 필요로 하게 되고, 그래도 합의가 이루어지지 않을 경우 지명위원회와 같은 기구에서 직권 결정을 할 수밖에 없다. 이때 필요한 것은 지명 분쟁 해결을 위한 적절한 지침이다.

제5장에서 소개했던 지명 표준화의 원칙이 분쟁 중에 있는 지명에서 어떤 것을 선택해야 하는지에 대한 가이드라인을 준다. 현지에서 사용되는 간결하고 사용이 편리한 지명, 문화유산과 역사성이 담긴 지명 등이 사례다. 그러나 상향식 지명 제안의 문제에서 지적했듯이, 각 분쟁 주체가 각 원칙의 해석과 적용의 우선순위에 있어 상반된 의견을 제시할 때 문제는 풀리지 않는다.

우리나라 지명 표준화 원칙에서는 지명 제정의 절차에 관한 항목에서 복수의 지방자치단체의 관할구역에 속하는 지명은 해당 지방자치단체 간 합의할 것과 합의가 어려울 경우 상위 지명위원회에서 결정할 것(기초지방자치단체 간의 분쟁은 시·도지명위원회에서, 광역자치단체 간의 분쟁은 국가지명위원회에서)을 규정하고 있다. 지금까지 국가지명위원회가 내린 결정에 이의가 보고되지 않은 것을 보면, 분쟁지명 해결의 절차에 관한 지침은 작동하고 있다고 볼 수 있겠다.

국제적인 지명 분쟁의 경우는 유엔과 국제수로기구(IHO)가 결의문의 형태로 해결을 권고하고 있다. 1977년 제3차 유엔지명표준화총회가 채택한 결의 III/20의 내용은 다음과 같다

- 다른 이름 아래 하나의 지형물을 공유하는 국가들은 가능한 한도 내에서 단일 지명을 확정하는 데에 합의하도록 노력해야 한다.
- 공통의 이름에 합의하지 못할 경우, 각 나라에서 사용하는 이름을 수용하는 것이 국제 지도 제작의 일반 규칙이 되어야 한다.

같은 내용의 기술결의를 갖고 있는 IHO는 이 결의에 근거해 2002년 제작한 책자에 유럽의 3개 바다에 두 이름씩 병기했다(180쪽의 IHO 도면 참조). 우리나라는 이 결의를 동해 수역에 적용하여 'East Sea'를 병기할 것을 주장한다. 그러나 이 결의의 내용이 대부분 공해로 이루어진 동해 수역에는 적용되지 않는다는 일본의 반대 주장은 이 결의의 이행을 요원한 일로 만들고 있다. 해당 국가가 거부할 때(더욱이 그 국가의 영향력이 클 때) 국제기구의 권고가 분쟁 해결의 지침으로 작동할 것을 기대하기 어렵다는 이야기다.

지명 분쟁이 정체성과 인식의 차이에서 발생하는 것은 분명하지만 오늘날 그 양상은 매우 다양화되고 있다. 사찰 이름을 둘러싼 종교적 동기의 분쟁이나 친일 인사와 관련된 민족주의 기반의 분쟁도 있다. 이미지 제고를 통한 브랜드 가치와 이익의 창출을 위한 지명 쟁탈전으로 유발된 분쟁도 드물지 않게 발견된다. 한계령-오색령 분쟁이나 소백산면 분쟁도 이와 무관해 보이지 않는다. 지명이 갖는 문화유산의 속성과 지명의 경제적 가치가 다음 장에서 살펴볼 주제다.

후암동, 봉천동, 이문동, 경주

지명에 담겨 있는 기억

서울의 용산구 후암동, 관악구 봉천동, 동대문구 이문동. 이 지명은 필자에게 뭔지 모르는 친근감을 준다. 고향이라는 느낌과 정서적인 친근함을 주는 대상이다. 후암동은 태어나서 청소년 전반기까지 지낸 곳, 봉천동은 청소년 후반기부터 대학, 대학원 시절을 보내고 결혼 후까지 생활한 곳, 이문동은 아이들이 유년기와 청소년기를 보낸 곳이라는 깊은 인연이 있다. 두터운 바위(일명 두텁바위, 厚岩)가 있었던 곳, 하늘을 받들고 있는(奉天) 지세를 보이는 곳, 도둑을 지키는 문(里門)이 있었던 곳이라는 유래를 뛰어 넘는 강력한 끌림을 주는 유산이 그 이름에 남아 있다.

이처럼 누구에게나 깊은 친근함을 주는 장소와 장소의 이름이 있다. 그

것은 개인적인 인연을 벗어나 집단이 공통적으로 소유하는 역사와 문화일 수도 있다. 예를 들어 1980년의 광주는 민주화운동이라는 역사적 사건의 장소로 남아 있으며, 그 거대한 사건과 함께 연상되는 느낌, 기억, 스토리가 '광주'라는 이름에 녹아 있다. 그 인식의 정도는 한 집단 내에서도 개인이 처한 위치에 따라 달리 작용한다.

지명에 쌓여가는 느낌과 기억은 역사가 오랠수록 깊이를 더한다. 여기에는 특별한 전기가 있을 수도 있다. 신라 천 년의 고도 경주의 예를 들어보자. 기원전 57년 부족국가 신라의 도읍으로 건설된 경주는 이후 고구려와 백제를 통합한 통일신라 왕국의 수도로서 천 년 가까운 기간 그 역할을 수행한 도시다. 세계적으로도 드문 오랜 역사를 가졌다. 삼국유사에 의하면 전성기에 18만 호 가까이 있었다고 하는데, 이는 당시 경주가 100만 명 내외의 인구를 가진 매우 큰 도시였음을 추정하게 해준다. 신라시대 경주의 이름은 서라벌(徐羅伐), 서야벌(徐耶伐), 금성(金城) 등이었다. 경주(慶州) 이름의 유래에 대해서는 하나의 이야기가 전해온다.

어떤 사람이 우연히 이곳에 머물게 되었는데, 마을사람들이 기쁨에 가

고려의 새로운 권력집단은 이전 왕조의 수도에 '즐거워하는 마을'이라는 뜻의 '경주'라는 새로운 이름을 붙인다. 이후 경주는 천 년 이상 사용되면서 양반 마을, 문화 도시, 역사와 유적의 도시, 수학여행의 도시라는 장소성을 쌓게 된다. 사진은 불국사의 대웅전(①)과 석가탑(②), 그리고 안압지라고도 불리는 월지(月池)(③)를 보여준다. (2014. 10.)

득 차 축제를 즐기는 모습이 인상적이었다. 그는 이곳에 '즐거워하는(慶) 마을(州)'이라는 의미로 '경주'란 이름을 붙인다. 신라를 흡수한 고려왕조는 천년 수도였던 서라벌에 새로운 이름을 붙임으로써 새로운 정체성을 창출하기 원했다. 이전 왕조의 전통을 존중하기 원했던 새로운 권력집단은 좋은 의미를 가진 이름으로 '경주'를 찾는다. 서기 935년의 일이라 기록되어 있다.

이후 경주는 '동경' 또는 '계림부'로 바뀌기도 했지만, 지금까지 또 다른 천 년의 이름으로 사용되고 있다. 재미있는 것은 이곳이 조선시대의 대표적인 집성촌이자 양반 마을로서 또 다른 장소성을 그 이름에 축적했다는 점이다. 경주 양동마을은 현재 유네스코 세계문화유산으로 등재되어 있다.

장소와 그 이름
좋은 기억, 음울한 기억, 아픈 기억

국제사회에 한국인이 사용하는 '동해' 명칭을 존중해 달라는 요청을 할 때 흔히 듣는 말 중의 하나는 단지 하나의 이름에 불과한 것에 왜 이리 매달리는가 하는 것이다. '일본해'가 일본이 소유한 바다를 의미하는 것은 아니지 않은가 하는 말을 덧붙이기도 한다. 그러나 이는 '동해'라는 이름에 녹아 있는 우리 민족의 정서, 느낌, 기억을 몰라서 하는 말이다. 동해는 우리 민족에게 오랫동안 찬양의 대상, 축복의 근원, 그리고 신성함의 원천이었고, 이 생각은 고스란히 그 이름에 담겨 있다. 일반인 1500명을 대상으로 한 2018년 조사에 의하면, 응답자의 72.1%가 동해를 보기 위해 여행했던 경험이 있고, 87.4%가 동해 바다에 정서적 밀착을 느끼고 있으며,

'동해' 이름에 쌓여 있는 기억과 유산

2018년 12월, 사단법인 동해연구회는 외부 기관(국립해양조사원)의 의뢰를 받아 동해 바다에 대한 한국인의 인식과 지명 표기에 대한 생각을 묻는 조사를 실시했다. 성별, 연령, 거주지, 학력, 직업을 고려해 선정된 1500명의 표본을 대상으로 온라인, 오프라인 조사를 병행했다.

동해에 대한 직접 경험은 여행과 관광이 가장 많았고, 방송 체험, 해돋이 기원, 문화생활, 학교 교육 등이 뒤를 이었다. 동해는 어업과 관련 산업의 장소, 여행과 관광의 장소, 환경보전의 대상이라는 데에 응답자의 90% 이상이 동의했고, 이밖에 자원가치가 높은 장소, 오래된 삶의 공간, 영화와 음악에 등장하는 장소라고 인식했다. 응답자의 87.4%가 동해에 대한 정서적 밀착을 느낀다고 했다. 동해에 대한 경험이 많을수록 정서적 밀착의 정도는 증가했다.

바다의 용이 되려 했던 문무대왕은 동해를 수호의 공간으로 인식했음이 분명하다(①). 삼척 부사로 부임한 허목(許穆)은 동해의 큰 파도와 조수를 막고자 동해를 칭송하는 시를 짓고 이를 비석(동해척주비)에 새겨 비각(동해비각)에 보전했다(②). 오늘날 젊은 다이버들에게 동해는 천연의 활동 장소다(③). 동해 바다의 선선한 바람은 오징어를 말리는 데 더할 나위 없는 천연자원이다(④). 동해가 친근하게 느껴지는 것은 바로 이러한 일들이 그 바다에서 날마다 이루어지기 때문이 아닐까? (2014. 7.; 2010. 6.; 2014. 7; 2014. 10.)

> 주목할 것은 93.8%의 응답자가 '동해' 이름을 사용하는 것이 중요하다고 했고, 이 비율은 강한 정서적 밀착을 가진 집단에서 더욱 크게 나타난다(98.0%)는 점이다. 동해 아닌 다른 이름이 사용될 때 동해에 대한 정서적 밀착에 영향을 받는다는 비율은 80.6%에 달했다. '동해' 이름으로 인식하는 바다는 울릉도와 독도까지라고 대답한 비율(70.7%)이 동해 해안에서 보이는 영역까지라는 대답(11.7%)보다 훨씬 크게 나타났다.
>
> 이를 종합하면, 동해 바다에 대한 다양한 경험으로 인해 증가한 정서적 밀착은 '동해' 이름이 중요하다는 인식에 영향을 미치며, 다른 형태로 사용되는 이름은 이를 침해한다고 정리된다. 이것은 '동해' 이름에 동해를 접해온 사람들의 기억과 유산이 쌓여 있으며, 이들이 다시 그 바다에 대한 인식에 영향을 미친다는 해석으로 이어질 수 있다.

93.8%가 '동해' 이름을 사용하는 것이 중요하다고 평가한다.

음울하고 아픈 기억을 주는 장소와 그 장소성이 담긴 지명도 있다. 독일의 뉘른베르크(Nürnberg, 영어 외래 지명은 Nuremberg)가 좋은 사례를 제공한다. 19세기 초까지 천 년 가까이 동부 유럽에 존재했던 신성로마제국의 주요 도시 중 하나였던 뉘른베르크는 독일의 중앙에 위치한 특성으로 인해 나치당의 전당대회 장소로 선택된다. 1927년부터 1938년까지 거의 매년 열린 전당대회를 수용했던 뉘른베르크에는 전국에서 나치당의 열성분자들이 모여들어 히틀러를 칭송하고 게르만 민족의 우수성을 확인하는 거대 집회를 가졌다. 나치 선전의 중심지였으며, 제2차 세계대전에는 전쟁의 헤드쿼터 역할을 수행했다.

그러나 세계대전 막바지에 뉘른베르크는 연이은 대규모 폭격으로 도시가 파괴되고 시민은 희생되었다. 종전 이후 뉘른베르크는 1946년까지 전범 재판의 장소로서 다시 전 세계 언론의 주목을 받는 곳이 되었다. 한때

매년 나치의 대규모 집회가 열렸던 뉘른베르크에 남아 있는 의사당 마당은 과거의 영화와 함성 (①)은 사라지고 적막한 울림만을 준다(②). 1937년 전당대회 포스터에는 뉘른베르크가 나치당 의 수도임을 선포하고 있다(③). (사진은 2017. 4. 12. 뉘른베르크 기록물센터에서 촬영함)

는 권력이 집중되고 악령에 사로잡혀 어색한 환호와 융성이 지속되었던 곳, 그러나 파괴와 소멸을 겪으며 범죄자를 찾고 그 행적을 규명해야 했던 곳, 그 음울한 장소성이 뉘른베르크 지명에 담겨 있다.

11km²의 넓은 면적을 차지하고 있던 전당대회 장소에는 현재 완성되지 못한 의사당을 이용해 지어진 박물관(Dokumentationszentrum, 우리말로 직역 하면 '기록물센터')과 그 내부 마당만이 을씨년스럽게 남아 있다. 영국 지명 위원회 사무총장을 역임했던 우드만(Paul Woodman)은 이 상황을 '물리적 부재 속에 존재하는 음울한 실재(brooding presence out of a physical absence)'라고 표현한다. 온 국민을 침울한 분위기로 몰아갔던 세월호 사 건에서, 노란 리본을 달고 한없는 기다림을 했던 진도 '팽목항'이 바로 이 런 음울한 실재를 담은 지명이 아닐까 생각해 본다.

지명은 문화유산이다

최근 유엔 지명 전문가들을 중심으로 지명을 문화유산의 하나로 보는

유엔 지명 전문가가 함께 2009년 출판한 「문화유산의 일부분으로 지명」(①)은 지명이 갖는 문화유산의 측면을 이해하기 위해 그동안 논의된 개념적 근거를 정리하고 각국의 지명에 나타난 문화적 요소의 사례를 소개한 매우 의미 있는 책자였다. 뒤늦게 이 논의에 뛰어든 우리나라는 2014년 국제심포지엄을 개최하고(③) 그 결과를 이듬해 단행본으로 출판했다(②). 이 회의에는 전, 현직 유엔지명전문가그룹(UNGEGN) 의장과 그 산하 3개 워킹그룹 의장(문화유산으로서 지명, 지명용어, 평가·실행)이 참석했다.

시각이 확대되고 있다. 한 사회의 역사, 민속, 사회, 경제, 정치 등 다양한 양상이 지명에 반영되어 있다는 사실에 다시금 주목한 것이다. 문화유산의 요소를 가진 지명 중에서 사라져가는 지명을 보전하기 위한 방안과 이를 실질적으로 관리하기 위한 방법을 논의하는 것이 주요 관심사에 속한다. 이를 위해서 문화유산을 담은 지명을 확인하고 선별하는 일을 중요한 주제로 삼는다.

초기의 관심은 세계 각 지역에 있는 소수 민족의 문화가 담긴, 그들의 언어로 표현된 지명을 보전하는 일에서 시작했다. 자국 내 소수 민족 문화의 보전을 중요한 가치로 삼고 있는 핀란드, 호주, 뉴질랜드 등이 중심이었다. 그러나 관심은 보편화되어 널리 확산되었고, 지명 관리를 중요한 업무로 삼고 있는 주요 국가에서 문화유산으로서 지명을 보전하는 방안에 대한 보고서를 제출하여 좋은 관례를 공유하고 있다. 우리나라는 관련된 국제심포지엄을 개최하고 그 결과를 단행본으로 출판함으로써 논의에 기여한 바 있다.

지명을 문화유산으로 보는 관점을 좀 더 세밀히 정리해 보자. 먼저 문화유산이 무엇인지를 생각해 볼 필요가 있다. 케임브리지 사전은 유산(heritage)을 "특정 사회의 문화에 속한 특징적 측면, 예를 들어 전통, 언어, 건물과 같은 것으로서, 과거에 만들어져 여전히 역사적 중요성을 갖고 있는 것"이라고 정의한다.

교육, 과학, 문화 분야의 국제협력을 추구하는 유네스코(UNESCO)는 보다 실질적인 측면에서 문화유산을 정의하고 있다. 「무형문화유산 보호를 위한 협약(Convention for the Safeguarding of the Intangible Cultural Heritage)」 (2003) 제2조에 규정된 문화유산의 요건은 다음과 같다.

- 공동체와 집단(어떤 경우에는 개인)이 그들의 문화유산으로 인식하는 관습, 재현, 표현, 지식, 기술, 그리고 도구, 사물, 공예품, 그리고 이와 연관된 문화 공간일 것
- 세대와 세대를 거쳐 전승되는 것으로서, 인간과 주변 환경, 자연의 교류 및 역사 변천 과정에서 공동체와 집단을 통해 끊임없이 재창조되고 그들에게 정체성과 영속성을 부여함으로써 문화적 다양성과 인간의 창의력을 증진시킬 것
- 현존하는 국제 인권 규정, 공동체, 집단, 개인 간 상호 존중의 요건, 그리고 지속가능한 발전의 요건에 부합할 것

하나는 용어를 중심으로 한 정의, 또 하나는 보전 대상을 선정하기 위한 실질적인 목적을 가진 국제기구의 정의지만, 공통적으로 지명을 문화유산

으로 보는 시각을 충분히 뒷받침한다. 지명은 언어로 표현된 전통의 재현이고, 특정한 문화를 가진 공동체와 집단에 의해 채택된 후 끊임없이 재창조되면서 정체성과 문화적 다양성을 확보해 왔기 때문이다.

그러면 지명에 담긴 문화유산의 요소는 어떻게 구체화된 모습으로 확인되는가? 유엔지명전문가그룹의 의장을 역임했던 와트(William Watt)는 다음 네 가지 측면을 지적한다(Watt, 2009).

- 고향 의식: 어떤 장소에 이름을 부여하는 행위를 통해 공동체와 경관 사이에 창조되고 형성된 공간적 관계의 형성
- 기억과 기념: 각 지명이 보유하고 있는 이야기, 이미지, 기억, 기념의 대상
- 이동과 사회적 상호작용의 모습: 지명을 통한 사람과 문화의 이동 경로, 그리고 상호작용의 방향과 정도의 추적
- 사회적 태도에 대한 창: 특정 시점에서 어떤 사회가 지닌 사회적 태도의 반영

이 네 가지 측면은 문화유산으로서 지명에 관한 좋은 이해의 틀을 제공한다. 앞서 사례를 들었던 경주와 동해, 그리고 각자의 마음속에 있는 의미 있는 지명을 이 틀에 대입해 보라. 뉘른베르크와 같이 조금 색다른 기억과 기념을 주는 대상도 있을 것이다.

우리나라 지명에 나타난 문화유산의 요소

우리나라에서 사용되는 지명에는 어떤 문화유산의 요소가 있을까? 필자는 이를 여섯 가지로 정리한 바 있다(Choo, 2015). 이 책의 전반부에 정리한 인간의 장소 인식에 의한 지명 부여, 지명의 유래를 문화유산을 중심을 재편한 것으로 보면 된다.

첫째는 지명에서 발견되는 전설, 설화, 종교 기반의 유래와 같은 문화적 요소다. 장수 노인 아홉 명에서 유래한 구로동(九老洞), 호랑이 관련 이야기와 함께 말해지는 범골, 범재, 범현, 단단하고 부서지지 않는다는 사전적 의미와 유혹을 제거하는 데에 높은 가치를 두는 불교 정신을 동시에 의미하는 금강(金剛)이 들어간 일련의 지명들이 이에 해당한다.

둘째, 지명에 담긴 문화의 역사다. 조선시대에 풍년을 기원하는 제사를 지내던 자리가 있었다는 제기동(祭基洞), 얼음 창고가 있었던 서빙고동(西氷庫洞) 등을 찾아볼 수 있다.

셋째, 문화적 정체성이 내포된 상징적 의미를 지닌 지명이 흔히 발견된다. 유교 강목을 대표하는 인(仁), 의(義), 예(禮), 지(智), 신(信), 충(忠)이 들어간 다양한 지명들이다. 최근 세종시에 붙여진 순우리말 행정 지명은 새로운 정체성을 추구하는 시도로 이해된다.

넷째, 언어적 요소와 결합된 문화적 특성이 나타난 지명이 있다. 고마나루, 웅진, 웅주, 공주로 언어적 변천을 하는 과정에서 곰에 대한 숭상과 공의로운 마을에 대한 선호가 엿보인다. 전국적으로 분포하는 두모계 지명은 물이 있는 따뜻한 곳을 지향하는 지명 사용자의 암묵적인 의도가 담겨 있다.

다섯째, 특정 시기에 특정 사회에 의해 공유되어 사용되는 속칭 또는 속명(vernacular)은 지명이 수용하는 또 다른 문화적 요소다. '강남'은 한강의 남쪽이라는 의미에서 기원했지만, 신흥 주거지, 상업 지대의 뜻을 거쳐 고급과 부유함, 사치와 유흥, 첨단·신산업의 중심지, 의료·성형의 장소 등

유네스코 무형문화유산과 지명

1946년 교육, 과학, 문화 보급 및 교류를 통한 국가 간 협력 증진을 목적으로 탄생한 유네스코는 인류가 공동으로 보유한 유산을 보호하자는 정신에 입각하여 1972년 세계 문화·자연 유산 보호 협약을 제정했다. 유네스코의 관심은 무형의 문화와 민속을 보존하는 것으로 확대되었고, 「전통문화와 민속의 보존 장치에 관한 권고」(1989), 「인류 구전 및 무형문화유산 걸작 선정 규약」(1998)을 거쳐 「무형문화유산 보호를 위한 협약」(2003)을 채택하기에 이른다.

이 협약에 의해 2022년까지 선정된 세계의 무형문화유산은 140개국에서 기원한 677개다. 우리나라에서는 22개의 유산이 등재되어 있다. 탈춤, 연등회, 씨름, 제주 해녀 문화, 줄다리기, 김장, 아리랑, 줄타기, 택견, 한산 모시 짜기, 대목장, 매사냥, 가곡, 처용무, 강강술래, 영등굿, 남사당놀이, 영산재, 강릉 단오제, 판소리, 종묘제례 및 종묘제례악이 그것이다.

지명을 문화유산으로 보는 관점은 유네스코의 무형문화유산 논의에 의해 영향을 받아, 초기에는 소멸 위기에 있는 지명을 보존하고 관리하는 방법을 찾아보자는 것이 주된 초점이었다. 유네스코는 인류 공동의 가치를 가진 무형문화유산을 소멸로부터 보호하는 것에 가장 큰 관심을 두었기 때문이다. 소수 민족, 소수 언어의 지명 보존이 중요한 주제였던 이유가 여기에 있다.

그러나 문화유산으로서 지명에 관심은 지속적으로 사용되고 있는 지명 전반으로 확산되었다. 따라서 이제 과제는 각 지명에 담겨 있는 문화 요소의 독특성과 가치를 확인하고 이에 대한 담론의 깊이와 넓이를 확대해 나가는 것이다. 문화의 좋고 나쁨, 고급과 저급을 판단하기는 어려운 일이지만, 필요한 범주화를 추진해 나가는 것은 필요하다. 지명에 담긴 문화의 요소를 정확히 파악하고, 경우에 따라서는 스토리를 만들어가는 일이 함께 진행되기를 기대한다.

오늘날 피맛골은 거대한 빌딩 사이에 '만들어져' 있어 과거와 같은 허름하면서도 저렴한 맛집
의 분위기를 찾기 어려운 아쉬움이 있지만, 여전히 인근 직장인들의 사랑을 받으면서 그 명맥
을 이어가고 있다(①, ②). 그 입구에 세워져 있는 동상은 말을 피하는 서민의 모습을 나타내려
한 듯하다(③). (2018. 4.)

다양한 의미를 가진 대명사로 발전했다.

　마지막으로 지명에 나타난 체화된 삶의 방식은 또 다른 중요한 문화유
산의 요소다. 서울 종로와 평행하게 나 있는 좁은 길의 이름 '피맛골'이 좋
은 사례다. 말을 탄 고관대작이 종로를 지나갈 때 고개를 숙여야 했던 평
민들은 이를 피해 골목을 만들어 다녔고, 자연스럽게 이 길에는 그들이 모
이는 주막과 국밥집이 들어섰다. 사람이 아니라 '말을 피했다는(避馬)' 이
길의 이름에는 당시 사람들의 지혜가 깃들인 삶의 방식이 들어 있다.

문화유산으로서 가치 있는 지명을 어떻게 확인하는가?

　어떤 지명도 우연히 붙여진 것은 없고 지명 부여자가 그 대상에 대해 갖
는 인식을 재현한다고 볼 때, 모든 지명에는 문화의 요소가 포함되어 있
다. 따라서 문화유산으로서 지명을 보존하기 위해서는 유산의 가치가 있

는 지명을 평가하는 기준을 설정하는 일이 필요하다. 유엔지명표준화총회는 2012년 제10차 회의에서 문화유산으로서 지명의 본질을 설정하고 평가하기 위한 여섯 가지 기준을 결의문의 형태로 채택했다. 앞서 유산과 정체성을 가진 지명을 수집, 확인, 지정하고 보호 프로그램을 마련할 것을 권고한 두 차례의 결의(2002, 2007)를 잇는 것이었다.

- 지명의 역사: 지명이 나타난 오래된 기록
- 지명의 회복력: 현재까지 지속적으로 사용된 기간 또는 역사를 관통해 사용되는 수용력
- 지명 또는 지명이 가리키는 지명 현상의 희소성
- 지명의 증거 능력: 지역 및 국가 정체성을 나타내는 독특한 문화, 지리, 역사, 사회적 현실을 체화하는 수용력
- 지명의 호소력: 지명 또는 그 장소와 연관된 소속감
- 지명의 상상력: 지명 사용자에게 생각과 풍부한 이미지를 불러일으키는 능력

유엔이 제안한 기준은 우리나라 지명에 나타난 문화유산의 요소를 평가하는 데에도 적절히 적용할 수 있을 것으로 보인다. 상대적으로 오래되고 적절한 기록을 갖고 있고 역사를 통해 지속적으로 사용된 지명, 지명 자체 또는 지명 제정 과정이 독특하며 문화적·역사적·사회적 정체성을 포용하는 지명, 정서적, 합리적 호소력이 있는 지명, 그리고 아이디어와 이미지에 영감을 주는 지명, 이들을 문화유산으로서 가치를 가진 지명으로 볼 수 있을 것이다.

필자는 몇 가지 기준을 추가로 고려할 것을 제안한 바 있다(Choo, 2015).
다음의 내용이다.

- 지명에 포함된 정체성은 인류 보편가치에 부합되어 그 사회에 활력을
  불어넣을 수 있는 긍정적인 성격을 가져야 한다.
- 지명의 정체성은 지역주민의 강한 합의에 근거해야 하며, 갈등을 일으
  키거나 이기적인 동기에서 도출된 것이 아니어야 한다.
- 지명은 위치와 규모의 측면에서 지칭의 대상과 지명에 내포된 정체성
  과 명확히 부합되어야 한다.
- 소멸 가능성이 있는 지명을 특별히 고려해야 한다.

'문화유산으로서 지명' 연구를 향하여

오스트리아 지명위원회 위원장을 역임한 요르단(Peter Jordan) 교수는 지
명이 경관의 형태(place-names landscape)로 나타나며, 공간과 관련된 정체
성의 형성을 돕는다고 했다(Jordan, 2009). 친숙한 장소의 이름을 언급하고
기억하는 것은 그 장소에 대한 일련의 생각을 불러일으키며, 그 장소에 대
한 개인의 정서적 관계를 표현하고 확인해 준다는 것이다.

지명이 문화유산의 한 부분이라는 점에는 어떠한 이견도 없는 것으로
보인다. 이제 각 문화, 언어권의 사례를 공유하는 단계로부터 한걸음 나아
가기 위해서는 어떤 주제를 설정할 수 있을 것인가? 하나의 시각이며 연
구의 방법론인 '문화유산으로서 지명'과 관련된 네 가지 주제를 생각해 볼
수 있다.

첫째, 지명이 갖는 문화유산의 요소, 즉, 전설, 설화, 가요, 가무, 무속 등을 지속적으로 발굴하고 정리하는 것은 이 분야 연구를 위한 기초 자료로서 든든한 기반이 될 것이다. 우리 지명의 경우는 순수 한글 지명과 한자어 지명의 관계, 일제에 의한 지명의 왜곡과 고유 지명의 파괴 등이 연구 주제로 추가될 수 있다.

둘째, 문화유산으로서 가치 있는 지명을 확인하고 규명하며 이를 위한 기준을 설정하는 일은 여전히 중요한 주제인 것으로 보인다. 유엔이 제안한 기준을 기초로 하여, 역사성, 지역주민과 밀착된 유래, 지역 정체성과의 연관, 지역주민의 선호, 결속력 집결에의 역할, 체계적 기록 여부 등 더 정교한 기준을 설정하고 구체적인 측정의 척도를 설정할 수 있을 것으로 본다.

셋째, 문화유산을 갖는 지명이 확인되었다면 이를 관리하기 위한 지침을 구체화하는 작업이 필요하다. 새롭게 제안된 지명을 표준화할 때, 문화유산의 요소를 어떻게 반영하도록 할 것인지, 과거 존재했던 이름 또는 사라져가는 지명을 어떻게 표기할 것인지와 같은 실질적인 방안이 필요하다.

넷째, 보다 실무적인 관리 방안으로서, 문화유산을 갖는 지명, 과거에 존재했던 사투리 지명을 포함한 별칭 등을 별도로 관리하는 체계를 구축할 필요가 있다. 각 지명 표기와 관련된 유래, 설화, 신화, 민속, 가요 등을 보여주는 웹사이트나 데이터베이스는 효과적인 관리의 수단이 될 것이다.

하얀색 개암나무 구덩이에 있는 성 마리아 교회

Llanfairpwllgwyngyllgogerychwyrndrobwllllantysiliogogogoch(랜바이어푸흘귄기흘고게어어흐윈브로흘랜트실리어고고고흐). 알파벳의 나열에 불과해 보이는 이 단어는 영국 웨일스에 있는 한 마을의 이름이다. 그 뜻은 "급한 물살 가까이 하얀색 개암나무 구덩이에 있는 성 마리아 교회와 붉은 동굴 구덩이에 있는 성 티실리오 교회"다.* 원래 이름은 'Llanfair Pwllgwyngyll (랜바이어푸흘귄기흘: 하얀색 개암나무 구덩이에 있는 성 마리아 교회)'였는데, 1850년대에 이 마을에서 한 구두 수선공의 아이디어를 받아 긴 뒷부분을

---

* 원어인 웨일스어를 영어로 해석하면 다음과 같다.
  Llanfair(Saint Mary's Church) pwll(in the hollow) gwyn gyll(of the white hazel) go ger
  (near) y chwyrn drobwll(a rapid whirlpool) (and) Llantysilio(the Church of Saint Tysilio)
  gogo goch(of a red cave).

영국 웨일스의 마을 랜바이어푸흘귄기흘은 긴 지명을 마케팅에 적극 활용하는 사례다. 그 이름은 이 마을의 음식점, 역사, 상가, 플랫폼, 여기저기서 발견된다(①②③④). 그러나 빛바랜 우체국 사진에는 짧은(?) 옛 이름이 적혀 있고(⑤), 방문객을 맞는 마을 입구의 표지판도 이 이름을 사용하고 있다(⑥). 현지에서 수신한 위치정보는 유용하게 한글이름 '랜바이어푸흘귄기흘'을 알려주었다(⑦). 필자가 이곳을 방문한 날에는 호주에서 온 단체 노인 관광객 수십 명이 북적이고 있었다. (2017. 6.)

붙였다고 한다. 당시 철도가 개설된 것을 계기로 많은 여행자와 관광객들의 방문을 유도하여 지역을 발전시키려는 시도였다.

각 문자언어의 특수성 때문에 이 이름이 세계에서 가장 긴 지명이라고 할 수는 없지만, 로마자로 표준화되어 있는 웹사이트 주소로는 세계에서 가장 긴 것으로 인정받고 있다.* 영국 관광청에서는 중국인 관광객들의 관심을 유발하고자 이 이름에 대한 중국식 지명을 공모했다. 그 결과 당선된 것은 '건강한 폐(肺) 마을'이라는 뜻의 '젠페이춘(健肺村)'이었다. 긴 마을의 이름을 한숨에 말할 만큼 건강한 폐를 가진 사람들의 마을이라는 데에 착안했던 것이다(≪조선일보≫, 2015. 2. 17.).

오늘날 지명을 이용한 마케팅 또는 브랜딩의 추세가 증가하고 있다. 위의 사례와 같이 긴 지명을 장소 마케팅의 도구로 사용하는 경우도 있고, 지명을 기업의 이름이나 상호 또는 제품의 이름에 사용하는 경우도 늘어나고 있다. 때로는 지명이 제품을 나타내는 보통명사로 사용되기도 한다. 그 결과로 나타나는 것은 지명이 갖는 경제적 가치의 증가이며, 지명을 차지하기 위한 쟁탈전이다.

포항제철, 코닝웨어, 아마존닷컴, 몽블랑
지명을 이용한 기업의 브랜드 창출

지명이 경제적 측면과 연결되는 첫 번째 유형은 지명을 기업의 브랜드를 창출하는 데에 이용하는 경우다. 포스코로 알려진 세계적인 철강회사의 설립 당시 이름은 포항종합제철이었다. 기업이 위치한 곳을 상호로 사용하는 일반적인 방법을 채택한 것이었는데, 이후 포항 경제를 주도한 이 기업의 성공은 '포항'이라는 이름의 가치를 높이는 데에 크게 기여한 것으로 평가된다. 2000년대 초 민영 기업으로 새롭게 출범하면서 현재 이름의 '포'에 그 흔적을 남긴 정도지만, 아직도 많은 사람들은 '포항제철' 또는 '포

---

* 이 단어 뒤에 웨일스어로 '위의'라는 뜻을 가진 'uchaf'를 붙여 더 확실한 최장의 URL을 만들었다. 유형과 국적을 나타내는 7개 문자(.org.uk)를 포함하여 총 70개 문자의 주소가 되었다.

철'이라는 이름에 익숙하다. 포항 또는 철강산업을 벗어나 전국적, 세계적으로 확대하는 글로벌 비즈니스를 지향하는 데에 상호 변경은 불가피한 것이었으리라.

뜨거운 불에 올려놓고 조리할 수 있는 기능으로 각 가정에서 사랑받았던 유리, 도자기 제품 코닝웨어는 기업이 위치한 미국 뉴욕주의 도시 코닝(Corning)에서 제품의 브랜드와 기업의 이름을 가져왔다. 1868년 뉴욕 브루클린에서 이 도시로 이전한 것이 계기였다. 그런데 코닝이란 지명은 동시대의 사업가 코닝(Eratus Corning)의 이름을 따서 붙여진 것이라 하니, 지명을 통한 예기치 않았던 인연은 계속 이어진다. 이 기업에 의해 운영되는 코닝 유리 박물관은 유리의 발전으로 본 세계사를 테마로 함으로써 코닝 지명의 가치를 더욱 높이고 있는 것으로 보인다.

기업이 위치한 곳의 지명만 사용되는 것은 아니다. 지명 지칭의 대상이 지닌 특성과 상징성, 그리고 지향성을 고려하여 직접적인 연관이 없는 멀리 떨어진 곳의 이름이 채택되기도 한다. 미국 시애틀 경제를 주도하는 기업 중 하나로 성장한 인터넷 유통회사 아마존닷컴(Amazon.com)은 자신의 회사를 거대한 아마존강과 같은 기업으로 만들기 원했던 창업자의 염원을 이름에 담았다고 한다. 독일의 명품 제조업체 몽블랑(MONCBLANC)은 초기에 생산한 만년필의 우수함이 웅장한 알프스의 최고봉 몽블랑과 유사하다는 점에서 이름이 제안됐다고 전해진다.

영덕 대게, 울진 대게, 삼척 대게
상품의 브랜드로 이용되는 지명

지명의 경제적 가치에 관한 관심의 두 번째 유형은 지역의 특산품이나 특화제품을 통칭하는 브랜드로 지명이 사용되는 경우다. '보성 녹차', '순창 고추장', '울릉도 오징어', '영광 굴비'와 같이 상품의 산지를 붙이는 것이다. 지명과 상품을 함께 사용함으로써 상품의 정체성을 확보하고 신뢰도와 가치를 높이는 효과를 기대한다. 상품의 품질을 인정받으면 그 품질로 인해 지명의 가치도 동시에 상승할 것을 기대한다.

스케일을 크게 해서 나라 이름이 브랜드의 역할을 하는 경우도 있다. 스위스 시계, 이태리 구두, 프랑스 와인 등이 대표적 사례다. 제품이 발달하게 된 각 나라의 문화적, 지리적 배경, 장인정신과 함께 쌓인 명성이 쌓인 신뢰를 전해준다. 따라서 이때는 검증된 특정 제품에 대한 경험보다는 그 지명을 통해 떠올리는 연상이 더 중요하게 작용한다는 가설을 세워볼 수 있겠다. 여기에는 미디어(대중, 소셜 모두)나 광고의 역할이 크다.

지명을 브랜드로 이용함으로써 제품의 가치를 높이려는 시도는 지명 또는 제품을 독자적으로 사용하기 위한 쟁탈전의 모습으로 나타난다. 지명 브랜드 사용을 놓고 표면적으로 드러난 갈등으로서 우리나라 장류의 대표적 산지인 전북 순창의 사례가 있다.

전통적 방법의 장류 생산이 활성화되어 있는 순창의 클러스터 효과를 활용해 장류 생산 기지를 위치시키고 '순창'을 브랜드로 쓰는 것은 기업의 자연스러운 전략이었다. 문제는 이러한 동기를 가진 기업이 하나가 아니었다는 것. 고추장 시장을 양분하고 있던 두 기업 중 하나가 순창의 농공

단지에서 생산한 제품에 '순창' 브랜드를 사용하고 있었는데, 제3의 기업이 인근 다른 단지에 생산시설을 완공했다. 이 기업이 채택한 브랜드는 '순창궁'. 태조 이성계가 왕이 되기 전에 맛보았던 순창 고추장을 궁중으로 진상하게 한 데에서 유래했다는 스토리를 덧붙였다. 새 제품 출시 후 시장점유율 감소를 겪은 원래 기업은 이를 브랜드 따라 하기의 결과로 보고 법적 대응을 검토했다. 그러나 새 기업은 순창군의 허가를 받고 상표권을 출원했으며, 고추장 생산 시설을 갖고 있는 곳의 지명을 브랜드로 사용할 권리가 있음을 주장했다고 알려진다(≪서울경제≫, 2012. 2. 22.).

하나의 생산품에 자신의 지명을 독자적으로 사용하려는 욕구는 소위 원조 논쟁을 유발한다. 동해에서 생산되는 대게의 사례를 들어보자. 영덕은 대게의 생산과 유통이 중요한 경제 기반이다. 이곳의 강구항은 대게를 판매하는 식당과 도·소매 기능이 집중해 있는 '대게항'으로 알려져 있다. 언론과 드라마를 통해 일반인들에게도 잘 알려져 있어 대게하면 영덕을 떠올리기 쉽다. 그러나 인근 울진이나 삼척의 생각은 다르다. 울진은 대게잡이의 역사, 임금에의 진상, 생산량과 맛의 측면에서 원조라고 주장한다. 삼척은 조선시대 미식가 허균이 집필한 요리책에 등장하는 최고의 대게가 생산된 곳임을 강조한다. 속초도 대게를 주제로 한 축제를 개최하면서 대게 알리기에 나서고 있다.

이처럼 지명 브랜드가 직접적인 경제적 가치와 연결되는 경우 나타나는 갈등은 지명에 소유권 또는 사용권이 있는가, 있다면 누구에게 있는가라는 질문을 던진다. 순창의 경우는 상표권에 저촉되지 않는 한, 하나의 지명을 여러 기업이 사용할 수 있음을 보여준다. 반면에, 경제 문제는 아니지만 소백산면에 대한 대법원의 판결(제9장 참조)은 공유하는 지명을 어

매년 겨울, 동해안에는 대게가 넘쳐난다. 동해안의 어디를 가도 대게를 판매하는 음식점은 쉽게 만날 수 있다. 그중에서도 영덕, 울진, 삼척, 속초는 각 이름을 붙임으로써 대게의 신뢰도를 높이고 가치를 높이려는 노력을 기울이고 있다. 각 지역은 기간을 조금씩 달리 하면서 축제를 열고 소비자를 끌어들인다. 맨 오른쪽은 영덕의 한 마을이 대게 원조 마을임을 선포하는 비석이다. (자료: 각 시·군 홈페이지, 사진 2004. 4.)

느 한 주체가 독자적으로 사용할 수 없음을 보여준다. 상품의 원산지를 알려주는 지리적 표시제는 특정 지역에서 생산되는 상품에 지명을 브랜드로 붙이는 것을 제도적으로 인정함으로써 지명 사용의 권리를 보장한다.

상품 브랜드로서의 지명이 가장 진전된 형태는 지명을 특정 상품의 보통명사로 사용하는 경우라 하겠다. 탄산와인을 일컫는 샴페인은 프랑스의 생산지 샹파뉴(Champagne)에서 유래했고, 감귤의 개량종 한라봉은 생산지 제주도의 한라산에서 왔다.

지명 브랜드 사용의 제도화, 지리적 표시제

보성 녹차, 의성 마늘, 순창 전통 고추장, 성주 참외, 완도 전복, 양양 송이, 가평 잣. 이들은 모두 지리적 표시제로 보호받는 상품이다. 우리나라 「농수산물품질관리법」은 '지리적 표시'를 "농수산물 또는 농수산 가공품의 명성, 품질, 그 밖의 특징이 본질적으로 특정 지역의 지리적 특성에 기인하는 경우, 해당 농수산물 또는 농수산 가공품이 그 특정 지역에서 생산, 제조 및 가공되었음을 나타내는 표시"라고 규정하고 있다. 2002년 보성 녹차를 시작으로 2021년 12월까지 농축산물 102개(자진 철회 8개 제외), 수산물 27개, 임산물 57개로 총 186개 상품이 지정되어 있다.

지리적 표시(geographical indication)에 대한 관심은 1995년 세계무역기구(WTO)에서 시작되었다. 무역과 관련된 지적재산권의 문제를 다루는 과정에서 회원국의 원산지를 표시할 필요를 인식했기 때문이었다. 지리적 표시를 통해 소비자는 원산지를 알고 품질을 예측함으로써 합리적인 소비를 위한 정보를 얻을 수 있고, 생산자는 다른 상품들과 구별됨으로써 신뢰와 가치가 높은 상품을 내놓을 수 있다. 결과적으로 공정한 무역에 기여한다는 점에 주목했던 것이다.

지리적 표시가 됨으로써 상품 또는 지명의 가치가 어떤 영향을 받는지는 앞으로 연구가 필요한 분야다. 지리적 표시 지정 전후 가치의 변화를 측정하거나, 지리적 표시가 된 상품과 그렇지 않은 상품이 갖는 가치의 차이를 비교하는 것이 필요하다. 지리적 표시의 지리적 범위를 어떻게 설정할지, 예를 들어 행정구역 단위를 어느 정도 세밀하게 할 것인지도 해결해야 할 문제다.

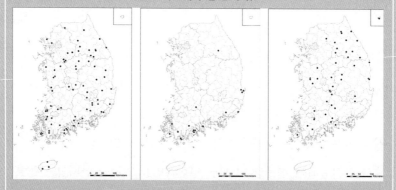

지리적 표시 상품의 위치는 각 종류의 특성을 보여준다. 농축산물(좌)은 전국적으로 분포하는 반면, 수산물(중)은 해안에, 임산물(우)은 산악지역에 집중해 있다.

유독 새롭게 발명된 옷감에는 생산지나 인연 있는 곳의 이름을 붙이는 경우가 많다. 앙고라는 튀르키예의 수도 앙카라에서, 캐시미어는 인도 북서부와 파키스탄에 걸쳐 있는 지역 카슈미르(Kashmir)에서, 데님은 남부 프랑스의 도시 님(Nîmes, 데님은 '님으로부터'라는 뜻)에서 왔다. 독일 도시 콜론(쾰른)에서 유래한 오데코롱(Eau de Cologne, '쾰른의 물'이라는 뜻) 향수, 이탈리아 지역 파르마(Parma)에서 온 파마산(Parmesan) 치즈와 같이 다른 단어와 결합하여 쓰이기도 한다.

지명을 상품의 보통명사로 사용하는 것은 때로 다른 곳에서 생산된 것까지 그 이름을 쓸 수 있는지에 대한 논쟁을 유발하기도 한다. 거제도에서 생산된 한라봉에 과연 그 이름을 쓸 수 있는지에 대한 이슈가 제기될 수 있다. 실제로 유럽연합 내에서는 이탈리아 파르마에서 생산되지 않은 치즈에 대해 파마산이라는 종류 이름을 사용하지 못하도록 하고 있다. 그러나 유럽 이외에서는 이탈리아식의 격자형 치즈를 파마산 치즈라 부르는데에 제약이 없다. 미국에 기반을 둔 유명 치즈회사는 유럽시장에 파메셀로(Pamesello)라는 다른 이름으로 이 치즈를 내놓고 있다.

도요타, 히타치, 페리에, 듀퐁
지명이 된 브랜드

기업의 이름이나 상품의 브랜드를 지명으로 선택하는 경우도 있다. 지명을 브랜드로 채택하는 것과 반대 방향으로 이루어지는 이러한 관행을 지명이 경제적 측면과 연결되는 세 번째 유형으로 분류한다. 기업 브랜드를 지명으로 채택함으로써 지역의 정체성을 분명히 하고 가치를 높이는 수단으로 삼으려는 동기가 작용한다.

일본 나고야 인근에 있는 도요타시(豐田市)는 원래 이름 고로모시(擧母市)를 1959년에 토요타자동차의 이름*을 따서 바꾼 것이다. 양잠과 비단 생산을 기반으로 하던 이곳은 경쟁 지역을 제치고 토요타자동차 창업자의 선택을 받으면서 비약적으로 발전하기 시작했다. 지역 상공회의소의 청원으로 본격화된 개명 운동에 반대가 없었던 것은 아니다. 봉건시대 독립적인 영지를 소유한 번(藩)의 하나인 고로모는 성(城)과 신사를 부르는 데도 사용된 오랜 역사를 지닌 이름이었기 때문이다. 결국 경제 논리는 승리하여 도요타는 새로운 도시의 이름으로 채택되었고, 도요타 일가는 가문 이름을 인구 40만 명의 작지 않은 도시에 이름을 남기는 영예를 누렸다.

일본 이바라키현의 히타치시(日立市)는 처음부터 자연스럽게 기업의 이름을 사용하게 된, 보다 오랜 역사를 가진 경우다. 이곳에 근대적 형태의 마을이 들어선 것은 19세기 말 지방자치 체계가 만들어지면서부터였다. 구리 광산이 개장하고 1910년 히타치사가 설립되면서 이곳은 발전을 거듭하게 된다. 히타치 마을은 1924년 읍으로 승격하게 되고 1939년에는 인접 지역을 흡수하면서 시로 확대되어 오늘날 인구 18만 명의 도시로 성장했다.

탄산수 페리에가 생산되는 프랑스 남부 작은 마을 베르제즈(Vergèze)의 지명 변경 노력은 경제 기반을 지키려는 주민들의 동기가 작용했다는 점에서 독특하다. 1992년 페리에가 스위스 식품기업 네슬레에 인수된 이후, 생산 공장을 다른 곳으로 옮길지 모른다는 우려가 나오게 된다. 이 회사에

---

* '豐田'은 국립국어원의 외래어 표기법에 따라 '도요타'로 표기해야 한다. 그러나 회사가 사용하는 공식 한국어 상호는 '토요타자동차'이므로 회사를 부를 때는 이를 존중하는 것이 적절하다.

의존하고 있던 주민들은 이를 막기 위해 공장이 위치한 동네 이름 레부이
앙에 오래전 페리에의 설립자가 수원지에 붙였던 이름 수르스 페리에(페
리에는 이전 소유자였던 페리에 박사의 이름)를 덧붙여 '수르스페리에-레부이앙
(Source Perrier-Les Bouillens)'으로 바꾸길 원했다(≪Financial Times≫, 2008.
1. 29.). 이곳이 '페리에 물의 근원'임을 선포함으로써 이곳을 벗어나지 못
하게 하려는 의도였다. 현재 수르스페리에는 단지 하나의 주소지로 남아
있다. 그러나 네슬레가 그곳을 떠나지 않고 여전히 공장을 운영하는 것을
보면, 주민들의 노력은 성공했다고 볼 수 있다.

이와 같이 브랜드를 지명으로 만드는 것은 지역의 상공인이나 주민들
의 강력한 희망에 의한 것일 수도 있고, 새로운 지명을 붙일 때 주변의 대
표적인 시설의 이름을 가져오는 매우 자연스러운 과정의 결과일 수도 있
다. 지명으로 사용한 기업은 없고 이름만 남아 있는 경우도 있다. 예를 들
어 미국 워싱턴주의 듀폰트(DuPont)시의 유래가 되었던 듀폰의 폭탄제조
공장은 1975년 문을 닫고 다른 기업에 인수되었다.

모든 기업이 이름을 남기고 싶어 하는 것은 아니다. 일본의 스즈카시(鈴
鹿市)는 지역에 있는 혼다자동차회사의 위상을 고려해 혼다시(本田市)로
하자고 제안했으나 혼다 측은 정중히 사양했다고 한다. 전통 있는 도시의
이름을 한 기업의 이름으로 바꾸는 것이 적절하지 않다는 창업자의 뜻이
었다고 한다(『위키피디아』 일본어판 참조).

장소성이 투영된 브랜드로서 지명

인간의 장소 인식을 나타내는 지명은 어떤 형태로든 장소가 갖는 정체

성을 표현한다. 이렇게 지명에 포함된 장소성이 축적되면 하나의 브랜드로서 역할을 하게 되는데, 이것이 지명이 갖는 경제적 측면의 또 다른 유형이 된다.

지명을 유지, 변경, 또는 새롭게 삽입함으로써 장소의 경제적 가치를 확보하려는 노력은 도로명주소를 시행하면서 다양한 모습으로 등장했다. 도로명주소에 가장 큰 관심을 가졌던 곳은 높은 부동산 가격이 형성되어 있는 서울 강남지역이었다. 대치동, 개포동, 압구정동, 잠실동과 같이 기존의 동 이름에 부동산가치 프리미엄이 들어 있다고 믿은 주민들은 이 이름을 유지하거나 비슷한 느낌을 주는 이름을 사용하기 원했다.

그러나 이미 정해진 도로명을 바꾸는 것은 쉽지 않은 일이었다. 차선책은 하나의 시설을 둘러싸고 있는 여러 도로 중에서 좀 더 선호하는 이름을 택하는 방법이었다. 서울 송파구의 한 아파트단지가 도로명주소를 '석촌호수로 169'에서 '잠실로 88'로 변경한 것이 사례다. 당시 석촌호수 주변 도로에서 땅꺼짐 현상이 발생하면서 그 이미지로 인해 집값이 떨어질 것을 우려한 아파트 주민들의 요청에 의한 것이었다. 대치동의 한 아파트가 '남부순환로 3032'에서 '삼성로 150'으로 변경한 것은 서울 서쪽까지 길게 이어진 도로의 이름보다 강남의 정체성이 느껴지는 이름을 선택한 사례라 하겠다.

도로명 자체를 변경함으로써 경제 효과를 올리려는 시도도 있다. 경기도 판교신도시와 그 주변 지역은 신도시의 이름을 도로명에 사용함으로써 그 프리미엄을 누리고자 한 사례를 보여준다. 판교와 분당을 동서로 연결하는 도로의 분당 구간은 신도시가 활성화되면서 주민들의 요청으로 '야탑남로'에서 '판교로'로 바뀌었다. 판교 구간의 이름이 연장된 것이었는데, 그 이전에는 도로 전 구간을 '판교로'라 불렀다는 사실이 흥미롭다. 판교

판교신도시는 정보통신산업의 클러스터를 지향한 목적에 걸맞게 우리나라의 대표적인 포털, 게임, 소프트웨어 기업이 밀집해 있다. '판교'의 브랜드 가치는 올라갔고 이를 도로명주소에 넣어달라는 요청은 강해졌다. 그 결과 판교역로, 판교원로, 서판교로, 동판교로가 탄생했다. 이전 이름은 봇들로, 두밀로, 연성로, 세계로였다. 이전부터 있었던 판교로는 판교신도시에서 분당신도시의 동쪽까지 잇는 8.2km에 달하는 도로의 이름이 되었다. (2018. 2.)

신도시에는 판교역로, 판교원로, 서판교로, 동판교로 등 '판교'가 들어간 도로명주소가 초기에 붙였던 다른 이름을 대체하여 사용되고 있다. 위례 신도시에서 '위례' 이름의 프리미엄을 차지하려는 노력에 대해서는 앞서 소개한 바 있다(제2장 참조).

역사가 오래지 않은 신도시 또는 신시가지에서는 지역의 정체성 또는 인근 시설의 특성을 반영하려는 도로명 변경 사례가 발견된다. 강원도 원주혁신도시의 한 도로는 이 도로를 끼고 있는 국민건강보험공단의 요청에 '삼보로'에서 '건강로'로 변경되었다. 이것은 원주가 의료 클러스터를 지향하는 성격과도 부합했다. 시가화가 진행되면서 도로를 나누어 지선 구간에 새 이름을 붙이는 경우도 있다. 도로의 지하화, 고밀도 도시를 포함한 입체도시 건설에 대비한 도로명주소 체계 개편의 필요성도 논의되고 있다. 현재 도로명주소 또는 도로명은 주소 사용자 1/2 이상의 동의를 받아

기초 지방자치단체에 신청하여 변경할 수 있다.

장소성이 투영된 지명 브랜드는 지명이 주는 이미지나 지명에 담긴 무형유산으로 전달되는 경우가 많다. 지명 브랜드가 직접적인 경제 효과로 단기간에 나타나기를 기대하는 것은 어렵기 때문이다. 지명이 어느 정도 시간을 두고 장소성에 투영되어 있는 문화유산과 인간 삶의 방식을 재현할 때 독특한 브랜드가 만들어진다.

우리나라 대표 도시 서울을 예로 들어보자. 600년 수도의 위상과 흔적, 다양한 문화유산과 삶의 모습, 정치와 경제의 중심지, 산으로 둘러싸인 도시의 형상과 그 영향, 이러한 장소성이 '서울'이라는 브랜드에 담길 때 '서울'의 독특한 브랜드 자산이 만들어진다. 이 자산은 다른 어떤 다른 지명도 모방할 수 없는 배타성을 갖는다.

장소에 존재하는 인물, 사업체, 기관, 사건 등을 통해 지명이 특정 산업이나 이데올로기 또는 멘털리티를 나타내는 대명사로 사용되면서 브랜드가 되기도 한다. '충무로'가 영화 관련 업체의 집적으로 한국 영화 산업의 본산으로 불려왔던 것, '광주'가 민주화운동으로 인해, 그리고 서울의 '상도동'과 '동교동'이 민주화의 지도자였던 전직 대통령의 거주지로 인해 민주화의 상징으로 사용되는 것, '남산'이 한때 그 기슭에 있던 정보기관 때문에 억압의 대명사로 불렸던 것이 그 사례다.

각 도시, 지역, 마을공동체, 민간단체는 장소 마케팅이라는 개념으로 지명 브랜드를 발전시키는 노력을 진행한다. 세계 많은 도시들이 로고, 심벌, 슬로건의 독특한 디자인으로 인위적인 브랜드를 만들어간다. 뉴욕시의 쇄락한 도시 이미지를 회생시키기 위한 목적으로 그래픽 디자이너 글레이저(Milton Glaser)가 고안한 'I♥NY' 로고는 뉴욕이 살기 좋은 도시, 살

| 2002 | 2006 | 2009 |
| 2010 | 2012 | 2015 |

서울은 2002년부터 브랜드를 도입했다. 처음 도입한 브랜드는 친근한 인사말과 높은(high) 대도시를 지향하는 비전을 표현했다. 이후 유사한 발음으로 아시아의 정신(soul)임을 표현하는 문구를 추가했다(2006)(우연히도 Soul은 핀란드어에서 서울을 일컫는 지명으로 사용된다). 아시아 언급에 중화권의 거부감이 있다고 본 서울시는 이후 세 차례 변경(2009, 2010, 2012)을 통해 글로벌 마케팅을 추구한다고 했으나(무한한 가능성, 문화유산, 다양한 의미), 그리 인상적이지는 않았던 것으로 보인다. 현재 사용되고 있는 브랜드는 사람과 사람 사이에 서울이 있어 시민들이 주도적으로 참여하는 브랜딩을 나타낸다고 한다. 2015년 도입 당시 문법을 무시했다는 비판(고유명사 SEOUL이 동사로 사용됨)이 있었다. 강한 인상을 주기 위한 노이즈 마케팅으로 볼 수 있다.

고 싶은 도시, 활력 있는 도시라는 긍정적 이미지로 전환하는 데에 지대한 기여를 한 것으로 평가된다(≪The Telegraph≫, 2011. 2. 7.).

지명의 경제적 가치가 어떻게 형성되는가?

앞서 살펴본 바와 같이 지명이 갖는 경제적 가치와 브랜드로서의 기능은 매우 다양한 모습으로 나타난다. 그러면 그 가치가 형성되는 과정을 어떻게 이해할 수 있을까? 필자는 브랜드로서 지명이 갖는 구별의 기능에 주목하여, 장소 정체성의 축적과 공유를 통해 나타나는 지명에 대한 애착과 밀착, 그리고 축적된 정체성과 연결된 지명의 이미지, 상징, 연상에 의해 지명의 경제적 가치가 형성됨을 논한 바 있다. 이를 다이어그램으로 표현하면 〈도표 11-1〉과 같다.

제품 브랜드의 본질적 기능이 다른 제품과 구별하는 것에 있는 것과 마찬가지로, 지명의 브랜드 가치는 다른 지명과 구별됨으로써 창출하는 가치다. 그 구별함의 근원은 지명이 지칭하는 대상에 오랫동안 축적된 장소 정체성이라는 자산이다. 지명을 부여하는 주체인 사회집단은 지명의 대상을 고유한 방식으로 인식하고 이름을 붙이며 그 이름을 공간과 시간을 통해 공유하면서 정체성을 축적해 간다. 사회집단이 지명에 대한 애착과 정서적 밀착을 크게 가질수록 더 높은 가치를 인식하고 부여한다.

한편 장소는 사회집단의 인식으로 만들어진 정체성을 축적하면서 그

〈도표 11-1〉

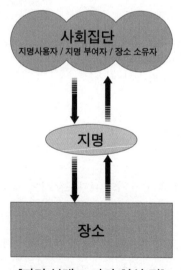

[지명 브랜드 가치 형성 전]

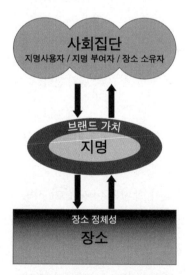

[지명 브랜드 가치 형성 후]

자료: 주성재·김희수, 2015: 436.

정체성을 재현하는 지명에 가치를 형성해 나간다. 정체성과 연결된 지명의 이미지, 상징, 연상은 가시적인 시설, 현상, 인물 등을 통해 가치를 높이기도 하고 낮추기도 하는 역할을 한다. 부유함, 화려함, 고급 시설, 쾌적성 등의 정체성은 가치를 높이는 방향으로, 빈곤함, 지저분함, 범죄, 불편함 등의 정체성은 가치를 낮추는 방향으로 작용하는 것이다. 그 가치는 때로 부동산 가치와 연결되어 나타나기도 한다.

앞서 소개한 서울 강남의 대치동을 사례로 들어보자. 이곳에 다양한 종류의 사설학원이 입지하면서 입시의 중심지가 되자, 이를 접하게 된 사회집단은 '대치동'이란 이름에 학원 클러스터라는 인식을 부여하게 된다. 이러한 인식에 맞추어 학원은 더욱 더 세분화, 전문화되며 밀집해지고, 이곳에서 교육서비스를 받은 고객들의 만족감에 영향을 미치면서 그 이름은 강력한 가치의 대상으로 정착된 것이다. 대치동 이름을 고수하는 것은 이 장소의 명성과 더불어 부동산 가치나 학원 교육비를 유지하는 필수적인 일이 되었다.

〈도표 11-1〉의 다이어그램은 지명의 경제적 가치를 이해하는 데에 기초적인 이해의 틀을 제공한다. 특정 장소에서 생산되는 상품, 장소 내 또는 인근에 존재하는 공공시설과 결합하여 가치가 형성되는 경우도 장소에 쌓인 정체성의 측면으로 이해할 수 있다.

그러나 여기에는 아직 해결되지 않은 두 가지 문제가 있다. 하나는 지명의 가치가 장소의 특성에 의해 발생하는 것인가, 아니면 지명 자체가 갖는 영향력에 의해 나타나는가 하는 문제다. 지명은 장소에 쌓여진 정체성과 이에 대한 사회 집단의 인식을 반영하는 과정에서 상호작용을 하면서 가치를 형성해 나가는데, 지명의 가치를 장소의 가치로부터 분리하여 설명하는 것은 쉬운 일이 아니다. '대치동' 지명이 갖는 가치는 대치동이라는 장소에 쌓여진 양호한 교육 여건이라는 특성 때문이며, 그 지명 자체의 순수한 가치는 아닐 수 있다는 가설이 가능하다.

이 주제에 대해서는 이론적으로 네 가지 관점이 가능하다. 지명의 가치와 장소의 가치가 별개로 존재하며 일부 중첩되는 부분이 있다는 관점, 지명의 가치가 장소의 가치와 동일하다는 관점, 지명의 가치가 장소의 가치의 일부분이라는 관점, 반대로 지명의 가치가 장소의 가치를 포함하는 더

고객 기반 브랜드 자산 평가에 의한 지명 브랜드의 가치 측정

주성재·김희수는 제품 브랜드 평가 방법인 「고객 기반 브랜드 자산 평가」의 네 가지 항목, 인지도, 지각된 품질, 연상, 충성도를 지명 브랜드에 적용할 가능성을 모색했다(주성재·김희수, 2015: 439~442). 이 평가 항목을 '종로' 지명에 적용한 것을 〈도표 11-2〉가 보여준다.

- 인지도: 다른 브랜드와 얼마나 구별할 수 있느냐가 측정 기준이다. 따라서 이 항목은 그 지명을 다른 지명들보다 먼저 떠올릴 수 있는지 여부가 중요한 평가 기준이다. 직접적으로 그 지명 인지도의 중요성에 대해서 평가할 수도 있다.
- 지각된 품질: 브랜드를 통해 평가하는 제품 또는 서비스의 기능과 품질이다. 지명에서는 장소에서의 경험, 장소의 우수성, 지명의 가치에 대한 평가 등이 조사 항목이 된다.
- 연상: 총체적인 이미지이다. 지명 브랜드의 연상이란 지명을 통해 떠올릴 수 있는 긍정적, 부정적 이미지, 지명을 통해 연상되는 모든 느낌과 감정으로 평가된다.
- 충성도: 사람들이 지명 브랜드에 가지는 애착의 정도가 평가의 기준이다. 다른 사람에게 지명을 추천할 의사가 있는지, 본인에게 그 지명은 얼마나 의미 있는지 등의 평가 문항이 구성된다.

김희수(2016)는 이 방법을 서울의 지명 '광화문'과 '강남'에 적용한 사례 연구의

큰 가치라는 관점이 그것이다. 이를 검증하기 위해서는 장소에 대한 인식과 지명에 대한 인식이 어떻게 다르게(또는 같게) 형성되어 가는지를 밝혀야 할 것이다. 세계적으로 알려진 지명 '강남'의 경우는 그 범위와 스케일에 대해서 다양한 인식이 있기 때문에 지명의 가치가 장소의 가치와 분리되어 다양한 단면으로 존재할 수 있을 것으로 보인다. 강남에 익숙하지 않은 세계인들에게는 어렴풋한 범위를 가진 장소보다는 이름 그 자체가 더 강한 정체성과 더 큰 가치를 가질 수도 있다.

결과를 보여준다. 개인의 인구특성, 사회적 배경, 각 지명에 대해 인식하는 지리적 범위를 각 항목의 평가에 영향을 미치는 요인으로 설정했다. 광화문의 경우, 각 요인에 따라 차별화된 브랜드 평가의 결과가 도출되었다. 특히 '광화문' 지명이 지칭하는 범위를 넓게 인식할수록 일관되게 높은 평가 수치를 보여주었다. 그러나 흥미롭게도 강남의 경우는 각 요인에 따라 차별화된 평가가 보이지 않았다. 연구자는 이를 '강남' 지명이 이 평가 항목들보다는 문화적 기억에 더 영향을 받은 결과라고 해석했다.

〈도표 11-2〉 브랜드 자산의 평가 항목과 지명에의 적용 예시

브랜드 자산 평가 항목	중점 내용	지명에의 적용 질문 예시(예, '종로')
브랜드 인지도	다른 브랜드와의 구분	• 서울을 대표할 수 있는 지명은 무엇인가? • '종로'는 서울 내에서 인지도가 높은 지명인가?
지각된 품질	유사점과 차별점, 품질·서비스의 인식	• '종로' 지명을 통해 장소의 우수성을 평가하라. • 서울 내 다른 지명과 비교해 볼 때 '종로'는 중요한 지명인가?
브랜드 연상	총체적 이미지	• '종로'의 이미지는 긍정적인가? • '종로'를 통해 떠올릴 수 있는 모든 단어와 이미지를 기재하라.
브랜드 충성도	애착의 정도	• 외부 사람에게 '종로'를 소개할 의사가 있는가? • '종로' 지명은 본인에게 얼마나 의미 있는 지명인가?

자료: 주성재·김희수, 2015: 441.

또 하나 중요한 문제는 지명의 경제적 가치를 어떻게 측정할 것인지의 문제다. 지명을 차지하려는 욕구가 상징적 의미의 점유뿐 아니라 경제적 혜택을 누리려는 동기에서 비롯된 것이라면 그 혜택을 입증해야 하며, 이를 위해서는 측정의 방법을 갖고 있어야 한다. 그러나 지명의 경제적 가치에 대한 평가는 눈에 보이지 않는 대상에 대한 평가라는 점에서 어려운 도전이다.

이를 위해 가시적인 제품을 대상으로 하는 제품 브랜드의 가치 평가 방법을 도입할 수 있다. 여기에는 소비자들에게 브랜드 비용 지불 의사를 묻고 그 가치를 금액으로 산출하는 방법, 가상의 상황을 유지하기 위해 얼마만큼의 비용을 지불할 수 있는지 의사를 묻는 방법 등이 있다. 지명 브랜드의 경우는 지명에 대해 갖는 인식을 종합적으로 확인하는 고객 기반 브랜드 자산 평가 방법이 적절한 것으로 제안된다.

공공시설 이름의 상업화 문제

자본주의가 발달한 미국은 여러 스포츠 시설에 투자자나 기부자의 이름을 붙이고 있다. 메이저리그 프로야구 샌프란시스코의 홈구장 오라클 파크(Oracle Park, 2019년까지는 에이티앤드티 파크 AT&T Park), 밀워키의 아메리칸 패밀리 파크(American Family Park, 2020년까지는 밀러 파크 Miller Park), 휴스턴의 미닛메이드 파크(Minute Maid Park), 샌디에이고의 페트코 파크(Petco Park), 아메리칸 풋볼 피츠버그의 하인즈 필드(Heinz Field), 볼티모어의 엠앤드티뱅크 스타디움(M&T Bank Stadium) 등 그 수는 매우 많다. 『위키피디아』는 미국에 있는 독자적인 명명권을 가진 스포츠 시설 400여

개의 리스트를 제공해 준다. 토요타자동차 회사의 이름을 갖고 있는 스포츠시설은 미국에만 10개가 있다.

우리나라 지하철에서 공공시설뿐 아니라 상업시설의 이름을 만나는 것은 어렵지 않은 일이 되었다. 2008년 부산지하철이 지하철역 이름 판매제도를 도입했고, 서울지하철은 이보다 늦게 2016년 시작했다. 역에서 500m 이내 있는 기관과 기업을 대상으로(1km 이내로 확대 가능), 공공성 이미지를 훼손하거나 사회적으로 문제가 되는 기업·기관만 아니면 역명심의위원회에서 결정에 의해 괄호에 부기한다. 1회 3년 계약이니, 기간이 끝나면 없어질 가능성도 있다.

스포츠 시설, 지하철, 교량, 복지시설, 문화센터 등 공공시설에 투자자, 기부자 또는 사용자의 이름을 붙이는 것은 상생의 방법일 수 있다. 시설로서는 재원을 확대하는 효과, 이름을 붙인 주체로서는 그 이름 사용을 통한 경제적 가치의 상승효과를 누릴 수 있기 때문이다. 이것은 자본주의 사회의 매우 자연스러운 현상이라고 할 수 있다.

이러한 공공시설의 상업화 문제를 어떻게 볼 것인가? 유엔지명회의는 2012년 채택된 결의를 통해 지명의 상업화를 자제할 것을 권고한다. 즉, 각국의 지명관리기구는 기준을 도입하여 상업적 목적을 추구하는 지명의 제정과 지명의 상업화를 수반하는 각종 관례를 자제할 것을 권고한 것이다. 상업화된 지명을 도입하거나 지명을 사고파는 과정에서 지역의 오랜 역사와 문화유산이 포함된 지명이 위협받을 수 있음에 주목했다.

지명의 상업화를 자제하라는 유엔의 권고가 어떤 이름까지 대상이 되는지에 대해서는 이견이 있을 수 있다. 스포츠시설을 포함한 공공시설, 개인적으로 운영되는 건물, 농장 등의 이름을 망라하여 도시지명(urban toponym)으로 별도의 유형으로 구분하자는 논의도 있다. 사적인 영역에 있어서는 이름의 소유권이 그 시설의 소유자에게 있다고 보는 관점이 우세하다.

어떤 경우라도 지명을 차지함으로써 경제적 효과를 얻고자 하는 시도는 계속될 것으로 보인다. 지명이 갖는 경제적 가치에 대해서도 학술적, 실무적 관심이 지속되리라 본다. 경제적 가치를 중시하고 상품화를 추구하는 일반적인 추세, 그리고 가치 창출의 수단으로서 브랜딩과 이미지 메이킹의 개념이 도입되는 사회에서 지명도 예외가 될 수는 없을 것이다.

군자는 영원토록 그대의 큰 복을 도우리라

조선시대의 정궁인 경복궁은 1394년 12월에 착공하여 1395년 9월에 완공했다고 기록되어 있다. 이미 새로운 도읍 한양에 와 있던 태조 이성계와 그의 세력들은 새로운 권력의 중심을 눈으로 보고 실감하며 감개무량함을 느꼈을 것이다. 궁과 궁내의 각 건물에 이름을 부여하는 일은 족히 그 기쁨을 나누는 일이었으리라.

경복궁 이름은 『시경 주아편(詩經 周雅編)』에 나오는 구절을 정도전의 제안을 받아 지었다고 알려진다. "이미 술에 취하고 이미 덕에 배부르니 군자는 영원토록 그대의 큰 복을 도우리라(旣醉以酒 旣飽以德 君子萬年 介爾 景福)"의 마지막 두 글자(경복, 큰 복 또는 햇볕이 내리쬐는 복)가 그것이다. 이

복은 왕과 왕족이 아니라 백성에게 가는 복을 의미하는 것이었으니, 태평성대를 구가하려는 통치의 이념을 담았다고 하겠다.

600년이 훌쩍 지난 현 시점에서 후손들의 임무는 이 숭고한 뜻을 어떻게 새기냐는 것이다. 외국인들에게는 '경복궁'을 표준화된 표기로 알리는 일이 우선 필요했다. '경복'의 로마자 표기는 「국어의 로마자 표기법」에 의해 'Gyeongbok'으로 하는 데에 이의가 없다. 문제는 속성을 나타내는 '궁'을 어떻게 표현할 것인지에 관한 것이다. 영어를 사례로 한다면 음의 로마자인 'gung'으로 할 것인지, 뜻을 영어로 옮긴 'palace'를 쓸 것인지의 문제다.

국어 정책을 수립하고 국어 사용의 지침을 제공하는 정부기관 국립국어원은 속성 요소를 로마자로 붙임표 없이 쓰도록 규정하고, 경복궁은 Gyeongbokgung임을 사례로 들고 있다. 국가 기본도의 생산과 지명의 표준화와 관리를 담당하는 국토지리정보원도 이 방법을 따라 국내에서 생산되는 지도뿐 아니라 세계 각국의 지도에서도 이렇게 표기할 것을 가이드라인으로 제시한다.

그러나 문화재청은 궁궐을 별도의 단어로 중복해서 Gyeongbokgung Palace로 쓴다. 경복궁을 안내하는 홈페이지와 책자에는 궁 안팎의 건물까지 모두 이런 방법으로 표기되어 있다. 광화문은 Gwanghwamun Gate, 근정전은 Geunjeongjeon Hall, 경회루는 Gyeonghoeru Pavilion이다. 한편 언론이나 방송에서는 'gung' 대신에 영어 단어를 붙인 Gyeongbok Palace를 선호하는 것으로 나타난다. 이밖에 속성 요소의 중복을 피하기 위해 palace를 괄호에 넣어 표기하는 경우도 있다.

이러한 차별화된 표기 방법의 채택은 각 전달매체의 특성에 따른 것으

경복궁은 백성에게 영원토록 큰 복을 끼치리라는 뜻(군자만년 개이경복)을 담아 탄생했다. 외국인들을 위한 표기에서는 속성을 나타내는 '궁'을 로마자로 표기할지, 각 언어로 번역할지가 문제된다. 번역한다면 근정전(①)에는 'hall', 경회루(②)에는 'pavilion'을 붙여야 하는데, 우리 궁궐의 분위기를 적절히 전달할지는 미지수다. (2012. 10.)

로 해석된다. 지도나 문서에는 로마자 한 단어로 쓰고 'gung'이 궁전이라는 뜻임을 차분히 전달하면 된다. 문화재를 소개하는 책자나 안내판에서는 우리말 원어와 그 뜻을 함께 전달할 필요가 있어 불가피하게 중복된 두 단어를 사용하게 된다. 정확성을 요구하는 언론이나 방송에서는 속성 요소의 의미는 전달하면서 중복은 피해야 하므로 번역 단어만 붙여 사용(방송 상의 지칭 포함)한다.

　각 표기법은 각각의 근거를 갖지만 사용자의 입장으로서는 혼란이 있는 것이 사실이다. 외국인을 안내하면서 받을지도 모르는 표기법 관련 질문에 대비할 필요도 있다. 각 기관의 표기 방법을 통일할 수는 없는 것일까? 과연 어떤 방법이 적절한가? 이에 관한 국제적인 원칙은 없는가?

한자 문화권에서 공통으로 갖는 속성 요소의 표기 문제

국제적 사용을 위해 속성 지명을 로마자로 그대로 표기해 사용자로 하여금 그 뜻을 익히게 하느냐, 아니면 친절하게 번역하느냐의 문제는 한자 문화권의 지명에서 공통적으로 겪는 문제다. 로마자를 기반으로 하는 언어에서는 속성 요소를 나타내는 단어가 많이 알려져 있고 동일한 어원을 공유하는 경우도 많은 반면, 한국어, 일본어, 중국어의 속성 요소가 무엇을 말하는지 금방 알기는 어렵기 때문이다.

일본은 2016년 속성 요소를 번역하는 것으로 표기법을 변경했다. 2020년 도쿄올림픽을 앞두고 세계인들에게 더욱 다가가겠다는 것이 이유였다. 그 방법은 두 가지였다. 하나는 속성 요소를 번역 단어로 대체하는 것으로서 이를 '치환 방식'이라 했다. 이에 따르면 후지산(富士山)은 이전 Fuji San에서 Mt. Fuji로, 토네가와(利根川)는 Tone Gawa에서 Tone River로 바뀐다. 또 하나는 번역 단어를 덧붙이는 것으로서 이를 '추가 방식'이라 했다. 다테야마(立山)는 Tate Yama에서 Mt. Tateyama로, 아라카와(荒川)는 Ara Kawa에서 Arakawa River가 된다(야마는 산, 가와 또는 카와는 강의 뜻). 추가 방식은 속성 요소가 붙어 하나의 단어처럼 기능하는 경우, 분리하면 일본어 사용자도 어떤 지명을 말하는지 모르는 경우 채택한다고 했다.* 이것은 두 음절로 이루어져 한 단어처럼 불리는 우리나라 지명, 남산, 한강과 비슷한 경우라 하겠다.

다시 앞서 던진 질문으로 돌아가 보자. 먼저 국제적 원칙의 문제다. 지

---

* 제29차 유엔지명전문가그룹(UNGEGN) 회의(2016, 방콕)에 보고된 일본 보고서에 의함.

일본 도쿄 인근 휴양 도시 하코네에서는 아시호수 너머로 일본의 최고봉 후지산 (富士山)이 살짝 보인다(①). 도야마 알펜 루트의 하이라이트 다테야마(立山)는 화산 지형 트래킹의 대표적 명소다(②). 2016년 일본이 발표한 변경된 표기법에 의하면, 영어로 각각 Mt. Fuji와 Mt. Tateyama로 표기된다. (2017. 12.; 2016. 9.)

명의 표준화와 표기법을 다루는 유엔지명전문가그룹(UNGEGN)은 각국의 지명을 국제적으로 어떻게 표기하는지를 알려주는 표기 지침을 제출하도록 권고하고 있다. 이렇게 공유된 각국의 표기 방법을 보면 많은 국가(확인된 것은 14개국)가 속성 요소를 모두 원어로 표기한 것을 발견한다. 예를 들어 독일의 하이델베르크성은 어떤 언어 맥락에서도 Heidelberg Schloss, 노르웨이의 보링 폭포는 Voringsfossen, 이탈리아의 수가나 계곡은 Val Sugana로 표기할 것을 제안한다. 이것은 속성 지명에 담긴 현지인의 인식을 존중하는 방법이라 해석할 수 있다(제3장 참조).

각 언어의 특성과 사용의 맥락이 있기에 이 방법을 보편적인 원칙으로 삼기에는 무리가 있다. 더구나 원어 표기 사례는 모두 로마자를 기반으로 하는 언어들이다. 또한 이 표기 지침은 지도나 문서 제작자를 위한 것이다. 그러나 이러한 한계에도 불구하고 각국의 표기 관례는 비로마자 기반의 우리 지명을 표기하는 데에 어느 정도 참고자료가 될 수 있을 것이다.

그러면 한국어 지명에는 어떤 방법이 적절할까? 여기에는 앞서 논의한 바와 같이, 각 매체가 갖는 소통의 특성을 고려하는 것이 필요할 것으로 보인다. 지도와 문서에는 각국의 관례를 원칙으로 보고 번역 없이 로마자로 된 하나의 단어로 표기하되, 도로 표지판, 관광 안내문, 방송 등에서는 소통의 편의를 위해 번역 단어를 유연하게 사용하는 것이다. 설악산을 지도에 Seoraksan이라 표기해도 외국인 독자들은 아이콘의 모양이나 색깔을 보고 산임을 알 수 있을 것이며, 여러 개의 -san을 보고 이것이 mountain에 해당하는 한국어임을 추정할 수 있을 것이다. 다른 표시가 없는 관광 안내판이나 즉각적인 전달이 필요한 방송에서는 Mt. Seorak 또는 Seoraksan Mountain이라 표현함으로써 지명을 전달받는 사람의 편의를 배려할 수 있다.

현재 행정적으로는 이러한 유연한 해법이 도입되어 있다. 2015년 5월 문화체육관광부가 주관하여 8개 기관이 도로와 관광 안내 용어를 번역하여 표준화하기로 합의한 이후, 국토지리정보원이 그해 12월 지도와 책자에 적용하는 기준을 고시했다. 여기서는 속성 요소를 포함하여 한 단어의 로마자로 표기하는 것을 원칙으로 하고, 필요한 경우 속성 요소를 번역하여 병기할 수 있도록 했다. 이에 따라 북한산은 Bukhansan으로 쓰는 것이 원칙이되, 예외적으로 Bukhansan Mountain이라 쓸 수 있다. 필자는 그해 7월, 한 신문의 기고를 통해 이 방법을 제안한 바 있다(주성재, 2015).

한국 지명의 국제적 표기 가이드라인

각국의 지명을 국제적으로 어떻게 표기하는지를 알려주
는 표기 지침을 제출하라는 유엔지명전문가그룹의 권고에
따라 국토지리정보원은 『지도 및 기타 자료 편집자를 위한
지명의 국제적 표기 지침서』를 작성해 제출했다(2012년 초
판, 2015년 재판).

이 지침서는 한국 지명의 기초 요소인 한국어의 특성과
로마자 표기의 방법을 소개한 후, 지명의 유형별로 속성 요
소를 어떻게 표기하는지 사례를 들어 제시했다. 간단히 소
개하면 다음과 같다.

- 행정 지명은 속성 요소를 붙임표와 함께 표기함. 단, 시(-si), 군(-gun), 읍(-eup)은 생
  략 가능, 광역시는 행정구역단위 없이 표기, 특별자치도와 특별자치시는 번역함
  - 예: 서울특별시 Seoul, 전라남도 Jeollanam-do, 청주시 Cheongju 또는 Cheong-
  ju-si, 삼죽면 Samjuk-myeon, 제주특별자치도 Jeju Special Self-Governing Province

- 자연 지명은 기본적으로 로마자로 표기해 한 단어로 쓰지만, 해양 지명은 만(灣,
  -man)을 제외하고는 모두 번역함
  - 예: 지리산 Jirisan, 태백산맥 Taebaeksanmaek, 인수봉 Insubong, 금강 Geum-
  gang, 거제도 Geojedo, 순천만 Suncheonman, 동해 East Sea, 제주 해협 Jeju Strait

- 인공 지명 중 문화유산은 로마자로 표기해 한 단어로 쓰지만, 교통, 관광시설은 번
  역함. 단, 교량은 예외적으로 로마자와 번역을 함께 씀
  - 예: 불국사 Bulguksa, 창덕궁 Changdeokgung, 남한산성 Namhansanseong, 남
  해고속국도 Namhae Expressway, 고수동굴 Gosu Cave, 서해대교 Seohaedaegyo
  Bridge

이 표기 지침은 현재 지도에서 사용되는 관례를 중심으로, 속성 요소에 관한 인식과
한국어 발음의 특성을 고려해 지정했다. 이에 따라 지명 유형별 원칙에서 벗어난 예외
가 있을 수밖에 없다. 또한 이것은 지도 또는 문서 편집자를 위한 지침이기 때문에, 매
체의 특성, 맥락과 상황에 따라 유연하게 적용될 수 있음을 인정해야 할 것으로 본다.

Wangsimni와 Wangsipri, Songnisan과 Sokrisan
쉽지 않은 로마자 표기법

몇 년 전 유엔지명회의에서 함께 일하는 영국지명위원회 전문가가 우리말의 자음, 모음을 로마자로 옮기는 일대일 일람표를 작성하는 데에서 마주치는 문제에 대해 문의해 왔다. 가장 어려움을 겪는 부분은 복자음이 받침으로 들어갈 경우 또는 구개음화가 발생할 경우였다. '-겠다'는 'gessda'로 써야 하는지, '잃다'는 'ilhda'인지, '앞날'은 'apnal'인지, '앗다'는 'asda'인지를 물은 것이다.

전문기관 국립국어원에서 받아 그에게 전달한 결론은 일대일 일람표는 불가능하다는 것이었다. 우리말의 발음은 단어마다 확인하여 표기할 수밖에 없다는 것이 요지였다. 하나의 원칙이라고 한다면, 된소리로의 발음 변화는 반영하지 않는다는 정도였다(참고로 질문에 대한 옳은 표기는 getda, ilta, amnal, atda이다). 이렇게 자음의 발음이 경우에 따라 달라지기 때문에, 한국어의 로마자 전환은 로마자를 다시 한국어로 전환했을 때 처음의 형태로 옮겨지는 전자법(transliteration)이 아닌 전사법(transcription)에 해당한다.

국어의 로마자 표기법은 각각의 자음과 모음을 어떻게 옮길지에 대한 대조표로부터 시작한다. 그런데 이 표만으로 해결할 수 없는 문제 중 가장 큰 것이 발음의 문제다. 현재 규정은 음운변화의 결과를 반영하여, 즉 발음대로 표기하는 것이 원칙이다. 왕십리는 [왕심니]로 발음되기 때문에 Wangsimni로, [송니산]으로 발음되는 속리산은 Songnisan으로, 백마[뱅마]는 Baengma, 대관령[대괄령]은 Daegwallyeong으로 표기한다.

발음 자체가 어려운 것은 표기를 시도할 때부터 망설이게 하는 경우다.

〈도표 12-1〉 주요 지명의 로마자 표기 변경 내용

	현재 표기 (2000. 7. ~)	과거 표기 (~2000. 7.)	변경 내용
경주	Gyeongju	Kyŏngju	자음 ㄱ이 k에서 g로 변경 모음 ㅓ가 ŏ에서 eo로 변경
대구	Daegu	Taegu	자음 ㄷ이 t에서 d로 변경
부산	Busan	Pusan	자음 ㅂ이 p에서 b로 변경
전주	Jeonju	Chŏnju	자음 ㅈ이 ch에서 j로 변경 모음 ㅓ가 ŏ에서 eo로 변경
인천	Incheon	Inch'ŏn	자음 ㅊ이 ch'에서 ch로 변경 모음 ㅓ가 ŏ에서 eo로 변경
김포	Gimpo	Kimp'o	자음 ㄱ이 k에서 g로 변경 자음 p'가 p로 변경
울릉도	Ulleungdo	Ullŭngdo	모음 ŭ가 eu로 변경
의정부	Uijeongbu	Ŭijŏngbu	모음 ŭi가 ui로 변경 모음 ㅓ가 ŏ에서 eo로 변경

주: 2000년 7월 도입된 국어의 로마자 표기법을 담당 부처의 당시 이름 문화체육부(Ministry of Culture and Tourism)의 이름을 따서 MOCT 표기법이라 부른다. 그전까지 사용된 표기법은 고안자인 맥큔(George M. McCune)과 라이샤워(Edwin O. Reischauer)의 이름을 따서 McCune-Reischauer 표기법, 약칭하여 M-R 표기법이라 부른다.

선릉이 [설릉]으로 발음되어 Seolleung으로, 학여울이 [항녀울]로 되어 Hangnyeoul로 써야 한다는 것은 아직 한국인에게도 익숙하지 않다. 왜 [선능]으로 발음해 Seonneung으로 쓰면 안되는지, [하겨울]로 발음해 Hagyeoul로 쓰면 안되는지, 국어 공부가 더 필요한 부분이다.

2000년 7월, 국어의 로마자 표기법을 전면 개편한 것도 어렵게 하는 요소다. 지명에 많이 사용되는 자음과 모음의 전환 방법이 바뀜으로써 지명 자체가 달라진 것이다. 그 달라진 부분을 〈도표 12-1〉에서 확인해 보라. 외국인에게는 전혀 다른 장소를 부르는 이름으로 보일 수 있다. 새로운 표기법이 도입된 지 20년이 넘었지만, 아직도 옛 표기의 흔적이 여기저기 남아 있다.*

고유 명사의 로마자 표기는 사용자가 선택해 쓸 수 있으므로 표기법 변경과 무관할 수 있다. 부산대학교는 여전히 Pusan National University, 경북대학교는 Kyungpook National University로 쓴다. 이것은 로마자 표기도 오랜 역사를 거치면서 장소성을 가진 브랜드로 발전한다는 의미를 포함한다 하겠다. 대학이름은 PNU, KNU와 같은 약어 이름이 이미 널리 알려졌기 때문이기도 할 것이다. 전남대학교는 Chonnam National University를 유지하고 있으나 URL 주소는 http://www.jnu.ac.kr로 바꾼 것이 특이하다. 개최 도시의 혼동을 막고 새로운 브랜드를 만들기 위해 로마자 표기 변경 10년이 지나 PIFF를 BIFF로 바꾼 부산국제영화제의 사례는 앞서 소개한 바 있다(제3장 참조).

Pyongyang과 Pyeongyang, Kaesong과 Gaeseong
로마자 표기 통일 문제

한국어(북한에서는 조선말)의 로마자 표기법에 대해서는 유엔지명회의에 남북한이 각각 별개의 보고서를 제출해 왔다. 현재 어느 것도 유엔의 공인을 받지 못하고 있는데, 이것은 유엔이 한 언어에 대해 하나의 로마자 표

---

* 심지어 일제 강점기의 표기법이 아직 사용되는 경우도 있다. 2016년 9월과 2017년 11월, 경주와 포항에서 지진이 발생했을 때, 미국 지질조사국(USGS)이 발표한 자료는 이들을 각각 Kyonju와 Hoko로 표기했다. 경주와 포항을 일본식으로 읽어 로마자로 표기한 것이었다. USGS의 데이터베이스에 보관된 지도가 일제강점기의 것을 물려받은 것이 아닌가 추측된다. 이 표기는 국가지명위원회의 요청으로 Gyeongju, Pohang으로 옳게 바뀌었다.

기법을 인정하는 것을 기본 원칙으로 삼고 있기 때문이다(제6장 참조). 유엔지명전문가그룹은 로마자 표기 워킹그룹을 중심으로 남북한 통일된 로마자 표기법을 제출할 것을 지속적으로 권고해 왔다.

남북한 로마자 표기법 통일은 우리 지명을 국제적으로 알리는 데에 중요한 과제다. 북한과의 가장 뚜렷한 차이는 초성 자음과 몇 개 중요한 모음이다.* 한국은 초성 ㄱ, ㄷ, ㅂ를 g, d, b로 전환하는 반면, 북한은 k, t, p로 한다. 한국은 k, t, p로 하는 ㅋ, ㅌ, ㅍ를 북한은 kh, th, ph로 쓴다. 한국은 모음 ㅓ, ㅡ를 eo, eu로 표기하지만 북한은 ŏ, ŭ로 한다. 북한의 표기법은 과거 한국이 채택했던 맥큔-라이샤워 표기법과 유사하다.

이 차이에 의해 하나의 도시가 다른 이름으로 표기되는 어색한 경우가 연출된다. 문산을 지나 군사분계선으로 가는 통일로의 표지판에는 개성이 Gaeseong으로 되어 있으나, 분계선을 넘으면 Kaesong이라는 이름을 만나게 된다. 한국에서 만든 국가지도집에는 평양이 Pyeongyang으로 적혀 있으나, 국제적으로 통용되는 이름은 Pyongyang이다. 현재 북한이 규정대로 평양을 Phŏngyang, 개성을 Kaesŏng으로 표기하지 않는 이유는, 국제적으로 널리 사용되어 굳혀진 이름은 그대로 쓴다는 원칙에 따른다고 하고 있다.

외국의 지도 제작자 또는 지명 사용자는 이 문제에 비교적 합리적으로 대응한다. 한반도를 하나의 도면에 표현할 경우, 남쪽에는 한국 방식, 북쪽에는 북한 방식으로 표기하는 것은 자연스런 해법 중 하나다. 미국과 영국의 정부는 한동안 남북한 지명에 공히 맥큔-라이샤워 표기법을 적용했

---

* 제10차 유엔지명표준화총회(2012, 뉴욕)에 보고된 북한 보고서에 의함.

다. 그러다가 2011년에 한국에 대해서는 현재 한국 정부가 고시하고 있는 표기법을 정부 문서와 지도에서 사용하기로 결정했다. 그해 5월에 있었던 유엔지명전문가그룹 회의에서 미국과 영국의 대표가 우리 대표단에게 공식 통보한 사실이었다. 그들은 더 이상 남북한 통일된 표기법을 기다릴 수 없고, 자국 내 소통을 위해 적어도 한국 내 지명에 대해서는 이 표기법을 사용하는 것이 합리적이라고 판단했다고 덧붙였다.

그러면 우리는 북한의 지명을 로마자로 표기할 필요가 있을 때 어떻게 해야 할까? 이것은 주권의 문제를 우선할 것인가, 로마자 표기가 필요한 독자와의 소통을 우선할 것인가의 결정인 것으로 보인다. 주권을 우선한다면, 대한민국 헌법 제3조에 규정된 대로 한반도 전체인 영토의 모든 지명을 한국의 표기법에 따라 적는 것이 맞을 것이다. 국토지리정보원이 편찬한 『대한민국 국가지도집』(2014, 2016 영문판)에서 모든 북한 지명을 한국의 표기법대로 적은 것이 이런 이유에서다.

그러나 소통을 우선으로 한다면 현재 세계적으로 알려진 표기를 사용하는 것이 합리적일 것이다. 북한을 지칭하는 대명사로 세계 언론이 사용하는 'Pyongyang'을 한국에서만 'Pyeongyang'이라고 한다면, 남북경제협력의 중심지로 세계인에게 알려진 'Kaesong'을 'Gaeseong'이라 쓴다면, 어리둥절한 상황을 만들 수 있다. 한국식 표기가 꼭 필요하다고 판단되면 두 이름을 병기하는 절충안도 있다. 병기할 때 어떤 것을 괄호에 넣을 것인가의 문제는 앞서 언급한 두 가지 기준, 주권과 소통의 우선순위 고려해 결정할 수 있을 것이다.

로마자 표기 통일을 위한 남북한 지명 및 국어 전문가 협의는 2007년에 한번 개최된 바 있다. 남북한 사이에 화해무드가 무르익으면 제2, 제3의

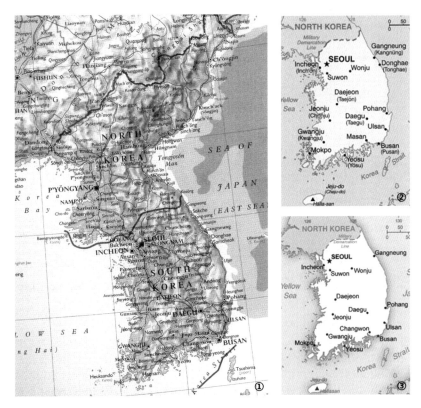

남북한 사이에 통일된 한국어 로마자 표기가 없는 상태에서 세계 지도제작사들은 남쪽은 한국, 북쪽은 북한의 표기법대로 표기한 도면을 제공한다. 부산은 BUSAN, 대구는 DAEGU, 광주는 GWANGJU로 표기한 반면, 평양은 PYŎNGYANG, 개성은 KAESŎNG으로 표기했다(①). 영미권에서 최근 한국의 공식표기법을 도입한 것은 미국 중앙정보국(CIA)이 제공하는 「World Factbook」에 잘 나타난다(③). 이전에는 맥퀸-라이샤워 방식을 사용했는데, 과도기에는 두 방식의 지명을 병기했다(②). CIA는 미국지명위원회(USBGN)의 지침을 받는다. (자료: *Oxford New Concise World Atlas*, 2009; 미국 CIA, World Factbook, 2012, 2013)

협의가 있지 않으리라는 법은 없지만, 과연 어떤 진전이 있을 수 있을지 미지수다. 세계화, 지방화의 시대에 로마자로 표기된 많은 지명들이 이미 세계인의 머릿속에 남아 있기 때문이다. 로마자로 표기된 지명에도 역사성과 장소성이 이미 축적되어 있어 바꾸기가 쉽지 않은 것이 사실이다.

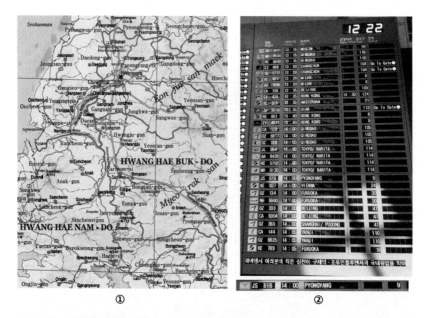

① ②

2014년 국토지리정보원이 편찬해 세계 주요 도서관에 배포한 「대한민국 국가지도집」에는 평양 Pyeongyang, 개성 Gaeseong과 같이 북한 지명이 모두 한국식 로마자 표기법에 의해 적혀 있다(①). 한반도 전체가 대한민국의 영토라는 선언에 기초한 국가지도집으로서는 피치 못할 선택이었을 것이다. 2014년 10월 5일, 인천국제공항에는 보기 드문 현황판이 나타났다. 평양행 고려항공(JS) 항공편이 출발했던 것이다(②). 목적지 PYONGYANG은 소통을 중요시한 매우 적절한 표기였다. 이날 공항은 전날 끝난 인천아시안게임에 참가했던 선수들의 귀국으로 매우 혼잡했다. 필자는 다음날부터 모나코에서 열리는 국제수로기구(IHO) 제5차 임시총회 참석차 출국하는 길이었다. (자료: National Geographic Information Institute, 2014; 사진 2014. 10.)

PyeongChang과 Pyeongchang

우리 지명의 국제적 표기와 관련된 특수한 경우 하나를 소개하고 이 장을 마칠까 한다. 2017년 초, 유엔지명전문가그룹에 스웨덴 대표로 참여하는 지명 전문가로부터 메일 한 통이 전달되었다. 평창올림픽의 '평창'이 왜 'Pyeongchang'이 아니고 'PyeongChang'이냐는 문의였다. 올림픽조직위원회와 핀란드 방송국 사이 서면 협약에서 중간에 있는 C를 반드시 대문자로 표기할 것을 명시하고 있는데, 이러한 표기에 대해 핀란드와 주변 국가 언론사와 방송국에서는 "매우 이상하고 혼란을 유발시키며(very strange and annoying)" 그들이 추구하는 바람직한 표기 관행에도 맞지 않는다고 평가한다는 내용이었다. 정확하고 원칙에 맞는 지명 표기를 추구하는 발트해 연안 국가들의 특성을 보여주는 의사표시였다. 우리나라가 유엔지명회의에 제출한 국제적 표기 지침서에도 평창군은 Pyeongchang-gun(-gun은 생략 가능)이라고 적혀 있었다. 모두 대문자로 쓸 때는 상관없으나 대, 소문자를 섞어 쓸 때 중간에 대문자가 나오는 것은 분명 이상한 일이었다.

필자는 음절이 모여 단어가 되는 우리말의 특성에서 각 음절 '평'과 '창'을 강조하기 위한 표기 정도로 보고 그리 심각하게 생각하지 않았었다. 평창올림픽조직위원회에 문의한 결과, 어렵게 받은 대답은 두 가지였다. 하나는 예상과 같이 두 음절로 이루어진 이름 '평창'을 명확히 전달하기 위함이었다고 했다. 또 하나는 매우 흥미로운 것이었는데 평양과 혼동을 방지하기 위함이라고 했다. 평양의 한국식 표기가 Pyeongyang이니 매우 비슷해 보이는 것도 사실이었다.

처음 올림픽 유치 신청을 했을 때 당시 국제올림픽조직위원회 위원장이 한국에서 '평양올림픽'을 신청한 줄 알고 깜짝 놀랐다는 일화가 있는 만큼(≪조선일보≫, 2018. 1. 26.), 일리 있는 조치였다. 올림픽 몇 주를 앞두고 '평양 올림픽' 논쟁도 있었고, 몇몇 정치인은 실수로 '평양 올림픽'을 말했다 하니 PyeongChang이라 함으로써 외국인들에게 확실한 인상을 주는 노이즈 효과는 있지 않았을까 생각한다.

평창올림픽의 엠블럼은 모든 사람에게 열려 있는 세상을 상징한다. 얼음과 눈, 전 세계에서 온 선수와 지구촌 사람들의 이미지로 구성되어 있다. 평창의 ㅍ과 ㅊ이 그 이미지를 형상화하고 있다. 독특한 로마자 표기 PyeongChang에 대한 설명을 덧붙여 더 큰 브랜드 효과를 거둘 수 있지 않았을까 하는 아쉬움이 남는다.

　문제는 어디에도 C를 대문자로 쓰는 이유가 나와 있지 않았다는 것이다. 평양과의 혼동은 표면적으로 밝히기 어려워도, 한국어의 단어 구성 특성에 근거해 원칙과 달리 대문자를 쓰게 된 사유를 설명하고 정확한 발음을 안내할 수 있었을 것이다. 초기부터 PyeongChang을 하나의 브랜드로 설정했으므로 이를 지속하여 가치를 증진시키면서 올림픽대회의 성공적인 개최를 추구하고자 한다는 포부까지 덧붙였으면 금상첨화였지 않았을까 생각한다. 필자는 이러한 내용을 지금부터라도 홍보에 활용할 수 있을 것이라고 조직위원회에 서면으로 제안했다. 스웨덴 동료의 문의에 대한 답변도 같은 요지로 적어 보냈다.

　우리 지명의 표기법을 국제적으로 알리는 것은 쉬운 일이 아니다. 독특한 쓰기와 읽기 체계를 가진 한국어 지명을 로마자로 전환하면서 정확한 발음을 기대하는 것은 어려운 일이며, 지명에 담긴 의미와 정신을 전달하기란 더욱 어려운 일이다. 이를 달성하기 위해서는 국제 표준에 부합하는 일관된 원칙으로 지명을 사용하고, 원칙에서 어긋났을 때에는 그 배경과 이유를 친절하게 설명하는 일이 필요하다. 표기의 방법을 견고하게 정립하는 것은 우리나라 지명에 담긴 무궁무진한 한국인의 정서와 인식, 그리고 장소에 대한 생각을 전달하는 데에 든든한 기반이 되리라 믿는다.

국토지리정보원은 2016년, 한국 지명에 담긴 문화와 역사를 외국인에게 알리기 위한 목적으로 『People, Places and Place Names in the Republic of Korea(한국의 지명)』 영문 책자를 발행했다. 이를 위해서 한글의 특성, 로마자 표기, 지명의 구조, 한자지명의 특성 등을 먼저 소개해야 했다. 우리 지명의 표기법을 정확히 전달하는 것은 지명에 담긴 한국인의 정서와 인식을 전달하는 기초가 된다.

13 지명, 평범함 속에 있는
특별한 재미

이름에 무엇이 들어 있는가?

"이름에 무엇이 들어 있는가?(What's in a name?)" 줄리엣에게 있어 로미
오가 원수 집안 아들의 이름인 것은 애써 무시하고 싶은 일이었으리라. 장
미를 무엇이라 부르건 장미의 달콤한 향기는 여전하듯, 사랑의 대상인 로
미오는 그저 그일 뿐 그가 어떤 가문의 어떤 이름을 가진 사람이란 것은
결코 중요한 일이 아니었기 때문이다.*

그러나 줄리엣의 희망과는 달리, 사람들은 이름에 무엇인가 들어 있다
는 것을 잘 알고 있다. 이름에 담긴 존재감, 정체성, 가치, 느낌이 그것이

---

* 셰익스피어 원작 「로미오와 줄리엣」 제2막 제2장에서 줄리엣은 창가에서 혼잣말로 이 내용을
  전한다(What's in a name? That which we call a rose/By any other word would smell as
  sweet). 이름보다는 사랑의 실체가 더 중요하다는 의미였다.

다. 이 문구는 저작권자 줄리엣의 의도와는 달리, 이후 살인 사건을 풀어가는 단서로서의 이름, 악연을 끌어내는 도구로서의 이름이라는 의미로 소설과 영화의 제목으로 사용되었다.* 때로는 브랜드를 강조하는 마케팅의 카피 문구로서 제품의 품질과 가치를 나타내기도 한다.

그러면 지명에는 무엇이 들어 있을까?(What's in a place name?) 이 책이 일관되게 관심을 가졌던 가설이자 명제는 어떤 지명도 우연히 주어진 것은 없다는 것이었다. 명명의 대상에 대해 갖는 인간의 생각, 느낌, 인식이 어떤 형태로든 들어간다. 개인과 집단에 의해 불리기 시작한 지명은 사회적 수용의 과정을 거쳐 공동체가 공유하는 정체성의 표현이 된다. 축적된 정체성과 함께 지명은 하나의 유산이 되어 다음 세대로 이어지며, 다시 그 대상에 대한 인간의 인식에 영향을 미친다.

여기서 그치지 않는다. 지명이 그 사회를 대표하는 정체성의 표현이자 유산이라는 것을 알게 됨에 따라, 그 지명을 차지함으로써 정치적 우위를 점유하려고 하는 권력 집단의 움직임이 시작된다. 이러한 움직임은 갈등과 분쟁의 모습으로 나타나며, 때로는 지명의 변화를 가져온다. 다른 대상과 구별해 주는 브랜드로서 지명은 장소와 그 장소에서 생산되는 제품의 경제적 가치를 높이는 도구로 인식되기도 한다.

지명은 인간 삶의 방식을 나타낸다는 점에서 본질적으로 문화의 중요한 부분이다. 언어로 표현되기 때문에 언어의 사용과 변화에 나타나는 삶의 모습을 고스란히 보여준다. 스토리텔링의 좋은 대상이며 문학과 영화의 좋은 소재가 된다. 낯선 곳을 찾아갈 때 첫 인상을 주는 지명은 그곳이

---

* 1956년 미국 작가 아시모프(Isaac Asimov)의 추리 단편소설 "What's in a Name?," 2012년 제작된 프랑스-벨기에 합작의 코미디영화 "Le Prénom(영어 제목 What's in a Name?)"이 사례다.

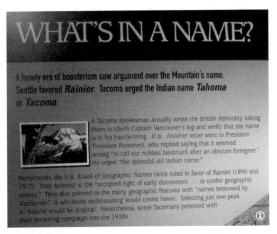

이름에 무엇이 들어 있는가?(What's in a name?) 미국 북서부 레이니어산(Mount Rainier) 안내소에는 한때 이 문구를 제목으로 한 전시물이 걸려 있었다(①). 영국군 장교 밴쿠버가 자신의 친구 이름을 따서 붙인 '레이니어산'과 지역 토착 이름 '타코마(Tacoma)' 또는 '타호마(Tahoma)' 사이의 표기 갈등에 관한 것이었다. 이때의 'what'은 각 지명 사용자들이 자신의 지명에 부여하는 애착과 가치를 뜻한다고 하겠다. 과연 레이니어산은 시애틀-타코마 대도시권의 어디에서도 보이는 성산(聖山)이니, 그 이름에 들어 있는 것도 매우 풍성하리라는 것을 미루어 짐작할 수 있다. 사진들은 오번(Auburn ②), 타코마(③), 시애틀 다운타운의 전망탑 스페이스니들에서(④), 그리고 비행 중에 포착된 산의 모습이다(⑤). (2009. 1.~7.)

어떻게 만들어지고 어떤 특성을 지녔을지 추측하는 데에 유용한 힌트를 준다.

이렇게 보면 지명에 무엇이 들어 있는가라는 질문에 답할 것은 무궁무진해진다. 생각, 느낌, 인식, 정체성, 문화, 역사, 정치, 경제 등 인간생활을 구성하는 요소들을 모두 들 수 있다. 이 책에서 지명을 서술하는 데에 사용되었던 다음 문장들을 다시 주목해 보라.

지명은 인간 장소 인식의 산물이다.

지명은 태어나서 변화하고 때로는 소멸된다.

지명은 스토리텔링이다.

지명은 언어로 표현된다.

지명은 정치적 행위의 대상이다.

지명은 분쟁과 갈등의 대상이다.

지명은 문화유산이다.

지명은 경제적 가치를 갖는 브랜드다.

사회를 구성하는 요소로서 지명

국제지리학연합(IGU)과 세계지도학회(ICA)가 공공으로 운영하는 지명위원회가 2016년 학술대회의 제목으로 삼았던 것은 "사회의 구성체로서 지명(Place Names as Social Constructs)"이었다. 개인과 집단의 인식과 해석으로부터 생성되고 발전한 지명이 타협의 과정을 거쳐 어떻게 사회를 구성해가는 요소로 자리 잡아가는지가 중요한 논의의 초점이었다.

〈도표 13-1〉 사회의 구성체로서 지명

사회의 구성체로서 지명
Place Names as Social Constructs

인간의
장소 인식

사회집단의
문화유산

권력집단의
정치적 표현

이익집단의
경제적 가치

지명 경관
Toponymic Landscape

자료: Choo, et al., 2016.

　필자는 사회를 구성하는 요소로서 지명이 인간의 인식에 기초를 두고 문화유산, 정치적 표현, 경제적 가치의 측면으로 발전해 나감에 주목했다. 지명을 문화유산으로 물려주고 받는 주체는 사회집단이며, 정치적 도구로 사용하는 주체는 권력집단이다. 그리고 경제적 가치를 추구하는 주체는 지명을 통해 가시적인 혜택을 얻고자 하는 이익집단이다. 이러한 요소들이 함께 모여 지명이 나타내는 모습, 즉 지명 경관(toponymic landscape)을 만들어 나간다(〈도표 13-1〉 참조).

　지명경관은 관광지의 안내판과 표지판, 길거리의 간판, 또는 지도의 표기에서 보는 가시적인 모습만을 의미하는 것은 아니다. 지명에 담겨 있는 삶의 모습과 표현, 정서, 그리고 사회적 관계를 모두 포함한다. 지명을 보고 읽으면서 그 내면에 들어 있는 이러한 지명경관을 함께 볼 수 있다면,

그 지명을 사용하는 사회를 보다 풍성하게 이해하는 좋은 길잡이를 찾은 것이리라 믿는다.

지명, 평범함 속에 있는 특별한 재미

지명이 사회를 구성하는 요소이고 문화, 정치, 경제의 단면으로 구성되어 있다고 하는 것은 지명의 본질을 이해하는 데에는 도움이 되는 설명이기는 하지만, 일반인이 접하는 지명은 이보다 훨씬 단순하고 직설적이다. 지명은 우리 생활 속 어디에나 있기 때문이다. 어떤 장소에 갔을 때, 그 이름에 어떤 유래가 있고 스토리가 있으며 사람들에게 어떻게 받아들여지는지 알기만 하면 그만이다. 내 손에 있는 스마트폰은 그 자리 그 시점에서 이와 관련된 풍성한 정보를 제공한다.

지명은 평범하지만, 알고 보면 특별한 재미와 뿌듯함을 느끼게 하는 좋은 수단이 된다. 스치듯 지나가는 수많은 지명 표지판, 통과하는 지하철역과 버스정류장, 내가 사는 동네, 지난여름 좋은 사람과 방문했던 산과 바다, 심지어 카페와 맛집 등등, 잠시만 눈을 돌리면 관심 있게 볼 이름이 수두룩하게 나타난다. 평범함 속에 있는 특별한 재미인 것이다. 지명은 우리 삶을 지루하지 않게 하는 삶의 활력소가 될 충분한 가치를 갖는다.

우리 주변에서 흔히 볼 수 있는 표지판과 간판, 관광 안내도, 핸드폰에서 쉽게 보는 지도, 그리고 언론 기사에 이르기까지, 이들은 모두 지명에 관한 관심을 끄는 데에 좋은 소재가 된다. 이 책의 독자가 아래와 같은 평범한 지하철 표지판을 보고 다음과 같은 의문을 가졌다면, 그리고 그 의문에 대한 답을 알려는 욕구가 생겼다면, 이 책 『인간 장소 지명』은 그 값어치를 했다고 감히 말할 수 있겠다.

- ▶ '청량리', '회기', '제기동' 이름은 어디서 유래했을까?
- ▶ '회기'와 '제기동' 지명에 어떤 역사적인 스토리가 있을까?
- ▶ '서울시립대입구'는 어떤 동기와 과정으로 병기되었을까?
- ▶ 청량리의 로마자 표기는 왜 'Cheongryangri'가 아니고 'Cheongnyangni'인가?
- ▶ 제기동(Jegi-dong)의 'dong' 앞에는 왜 붙임표가 있는가?
- ▶ 이들 지명은 어떤 과정을 통해 공식적으로 사용되고 있는가?

조금 더 나아가 심화 질문으로서

- ▶ '청량리 블루스'는 어떻게 노래 제목이 되었을까?
- ▶ '제기동'은 어떻게 한약 약재와 제조의 대명사가 되었을까?

이 책에서 이 의문에 대한 답을 모두 찾을 수 있다면, 무한 영광이다.

참고문헌

국토지리정보원. 2008. 『한국지명유래집: 중부편』. 수원: 국토지리정보원.

_____. 2012. 『지명 표준화 편람 (제2판)』. 수원: 국토지리정보원.

권선정. 2004. 「지명의 사회적 구성: 과거 회덕현의 '송촌(宋村)'을 사례로」. ≪지리학연구≫, 제38권 2호, 167~181쪽.

김기혁. 2014. 「도로 지명을 통해 본 평양시의 도시 구조 변화 연구」. ≪문화역사지리≫, 제26권 제3호, 34~55쪽.

김순배. 2012. 『지명과 권력: 한국 지명의 문화정치적 발전』. 서울: 경인문화사.

김종근. 2010. 「식민도시 경성의 이중도시론에 대한 비판적 고찰」. ≪서울학연구≫, 제38호, 14~30쪽.

김희수. 2016. 「지명 브랜드 자산의 구성 요인에 관한 연구: '광화문'과 '강남'을 대상으로」. 경희대학교 대학원 석사학위 논문.

나유진. 2012. 「두모계 지명의 분포와 취락입지」. ≪대한지리학회지≫, 제47권 제6호, 884~898쪽.

남영우. 1997. 「두모계 고지명의 기원」. ≪대한지리학회지≫, 제32권 제4호, 479~490쪽.

라우텐자흐, 헤르만(Hermann Lautensach). 1942. 『코레아: 일제 강점기의 한국지리』. 김종규·강경원·손명철 옮김. 서울: 푸른길.

서울특별시사편찬위원회. 2009. 『서울지명사전』.

유엔지명전문가그룹(UNGEGN). 2002. 『지명 표준화를 위한 용어사전』. 국토지리정보원 옮김. 수원: 국토지리정보원.

_____. 2007. 『유엔지명전문가그룹 언론자료(Media Kit)』. 국토지리정보원 옮김. 수원: 국토지리정보원.

주성재. 2010.10.18. "지명의 지정학적 의미와 동해 표기 문제". ≪경희대학교 대학원보≫, 8~9쪽

_____. 2011. 「유엔의 지명 논의와 지리학적 지명연구에의 시사점」. ≪대한지리학

회지≫, 제46권 제4호, 443～465쪽.

_____. 2015.7.30. "地圖상 영문 표기, 국제 원칙 따라야". ≪조선일보≫, A33면.

_____. 2019. 「다차원적 비판지명학 연구를 위한 과제」. ≪대한지리학회지≫, 제 54권 제4호, 449～470쪽.

_____. 2021. 분쟁지명 동해: 현실과 기대. 서울: 푸른길.

_____. 2023. 「한국어에서 사용되는 세계 국가명: 비판지명학의 관점」. ≪지리학 논총≫, 제69권.

주성재·김희수. 2015. 「지명의 브랜드 가치: 경제지리학적 접근」. ≪한국경제지 리학회지≫, 제18권 제4호, 431～449쪽.

주성재·장현석. 2021. 「중량(中良, 中梁)과 중랑(中浪): 지명의 변화와 공존, 지명 사용의 지리적 맥락」. ≪대한지리학회지≫, 제56권 제6호, 639～655쪽.

주성재·진수인. 2020. 「지명에 담긴 기억과 기념의 다원성과 장소성의 축적: 볼고 그라드-스탈린그라드 명칭 사례」. ≪대한지리학회지≫, 제55권 제4호, 409 ～426쪽.

지상현. 2012. 「지명의 정치지리학: 행정구역 개편으로 인한 시 명칭 결정을 사례로」. ≪한국지역지리학회지≫, 제18권 제3호, 310～325쪽.

Alderman, D. 2018. "A street fit for a King." http://mlkstreet.com(검색일: 2018.5.21.).

Berg, L. D. and Vuolteenaho, J.(eds.). 2009. *Critical Toponymies: The Contested Politics of Place Naming*. Surrey: Ashgate Publishing.

Breu, J. 1987. "Categories and Degree of Use of Exonyms." 제5차 유엔지명표준 화총회 발표 자료.

Choo, S. 2014a. "Bringing Human into the Game: A Way Forward for the East Sea/Sea of Japan Naming Issue." *Journal of the Korean Cartographic Association*, Vol.14, No.3, pp.1~13.

_____. 2014b. "The Matter of 'Reading' in the Exonym Discussions." in P. Jordan and P. Woodman(eds.). *The Quest for Definitions*. Hamburg: Verlag Dr. Kovač.

_____. 2015. "Elements of Cultural Heritage in Korean Geographical Names." in

S. Choo(ed.). Geographical Names as Cultural Heritage. Seoul: Kyunghee University Press.

_____. 2017. "Use of Exonyms in Korea: Results of a Survey." 제19차 UNGEGN 외래 지명 워킹그룹 회의 발표 자료(2017.4.7.).

Choo, S., S.-H. Chi, and H. Kim. 2014. "Place-name Conflict: A Typology for Intra- national Cases." 국제지리학연합(IGU)·세계지도학회(ICA) 지명위원회 발표 자료(2014.8.20.).

Choo, S., H. Kim, and K. Roh. 2016. "The Other Side of Place Names: Understanding and Investigating Their Economic Value." 국제지리학연합(IGU)·세계지도학회(ICA) 지명위원회 발표 자료(2016.8.25.).

De Blij, H. J., P. O. Muller, and Winklerprins. 2010. *Geography of the World* (4th ed.). Hoboken: Wiley.

Gammeltoft, P. 2016. "From Dutch to Disputed: How Skagerrak Became the Focus of a Naming Dispute between Denmark, Norway and Sweden." in The Society for East Sea(ed.). *Seas and Islands: Connecting People, Culture, History and the Future*. Seoul: Seojeon Printech.

Hitchman, R. 1985. *Place Names of Washington*. The Washington State Historical Society.

International Hydrographic Organization. 1953. *Limits of Oceans and Seas* (3rd ed.). Monaco: IHO.

International Hydrographic Organization. 2002. *Names and Limits of Oceans and Seas* (4th ed. draft). Monaco: IHO.

Jordan, P. "Preface." in P. Jordan, et al.(eds.). 2009. *Geographical Names as a Part of the Cultural Heritage*, Institut für Geographie und Region-alforschung der Universität Wien Kartographie und Geoinformation.

Kadmon, N. 1997. *Toponymy: The Lore, Laws and Languages of Geographical Names*. New York: Vantage.

Kerfoot, H. 2010. "Geographical Names: Communication, Standardization and the United Nations." 제5회 해양지구물리 데이터의 적용과 해저지명에 관한 심포지엄 발표 자료.

Murphy, A. B. 1999. "The Use of National Names for International Bodies of Water: Critical Perspective." *Journal of the Korean Geographical Society*, Vol.34, No.5, pp.507~516.

National Geographic Information Institute. 2014. *National Atlas of Korea*. Suwon: National Geographic Information Institute.

_____. 2015. *Toponymic Guidelines for Map and Other Editors, Republic of Korea*(2nd ed.). Suwon: National Geographic Information Institute.

_____. 2016. *People, Places and Place Names in the Republic of Korea*. Suwon: National Geographic Information Institute.

Raper, P. E. 2012. "Bushman (San) Influence on Zulu Place Names." *Acta Academica Supplementum*, pp.1~186.

Sack, R. D. 1997. *Homo Geographicus: A Framework for Action, Awareness, and Moral Concern*. Baltimore: The Johns Hopkins University Press.

Ulgen, S and Williams, C. 2007. "Standardization of Geographic Names in Humanitarian Information Management: Towards a Humanitarian Spatial Data Infrastructure." 제9차 유엔지명표준화총회 발표 자료.

Watt, W. 2009. "Cultural Aspects of Place Names with Special Regard to Names in Indigenous, Minority and Regional Languages." in P. Jordan, et al.(eds.). 2009. *Geographical Names as a Part of the Cultural Heritage*. Institut für Geographie und Regionalforschung der Universität Wien Kartographie und Geoinformation.

Le Grand Atlas Du Monde, 2011.

Oxford New Concise World Atlas, 2009.

The TIMES Atlas of the World, 2007.

찾아보기

지은이

주성재(周成載)

경희대학교 지리학과 교수. 서울 용산구 후암동에서 출생하여 해외 체류기간을 제외하고는 줄곧 서울과 경기도에서 살았다. 지금은 경기도 하남시 위례신도시에서 살고 있다. 서울대를 거쳐 미국 버펄로 뉴욕주립대학교에서 지리학박사 학위를 받았고, 학위 후에는 국토연구원을 비롯한 국책연구기관에서 국토계획, 도시계획, 지역경제, 관광개발 분야의 연구와 정책프로젝트를 수행했다.

2000년부터 경희대에서 경제지리학, 지역개발론, 세계경제공간의 변화, 국토의 이해, Korea in the World 등을 강의했다. 2004년 동해(East Sea) 표기 업무를 접하게 된 것을 계기로 유엔지명회의와 국제수로기구에 한국 대표로 참여하게 되었고, 이후 지명연구 분야로 관심을 넓혀 경희대 후마니타스칼리지에 〈인간, 장소, 지명〉 강의를 개설했다. 현재는 유엔지명전문가그룹(UNGEGN) 부의장과 평가실행워킹그룹 의장, 사단법인 동해연구회 회장을 맡고 있다. 대통령직속 지역발전위원회 위원, 사단법인 한국경제지리학회 회장, 국토교통부 국가지명위원회 위원장을 역임한 바 있다.

저서로『분쟁지명 동해, 현실과 기대』(2021),『동해 명칭의 국제적 확산: 현황과 과제』(2021, 공저)가 있다.

한울아카데미 2433

인간 장소 지명 (개정판)

지은이 **주성재**
펴낸이 **김종수**
펴낸곳 **한울엠플러스(주)**
편집 **조수임**

초판 1쇄 인쇄 **2018년 8월 16일**
초판 1쇄 발행 **2018년 9월 10일**
개정판 1쇄 발행 **2023년 2월 28일**

주소 **10881 경기도 파주시 광인사길 153 한울시소빌딩 3층**
전화 **031-955-0655** | 팩스 **031-955-0656**
홈페이지 **www.hanulmplus.kr**
등록번호 **제406-2015-000143호**

Printed in Korea.
ISBN 978-89-460-7434-7 93980